AutoCAD
2020中文版基础教程

姜春峰　武小红　魏春雪 / 主编

U0244468

中国青年出版社

图书在版编目（CIP）数据

AutoCAD 2020中文版基础教程 / 姜春峰，武小红，魏春雪主编
. — 北京：中国青年出版社，2019.10
ISBN 978-7-5153-5221-3

I.①A... II.①姜... ②武... ③魏... III.①AutoCAD软件 — 教材　IV.①TP391.72

中国版本图书馆CIP数据核字（2019）第158118号

AutoCAD 2020中文版基础教程

姜春峰　武小红　魏春雪 / 主编

出版发行：中国青年出版社
地　　址：北京市东四十二条21号
邮政编码：100708
电　　话：（010）50856188 / 50856189
传　　真：（010）50856111
企　　划：北京中青雄狮数码传媒科技有限公司
策划编辑：张　鹏
责任编辑：张　军

印　　刷：湖南天闻新华印务有限公司
开　　本：787×1092　1/16
印　　张：15
版　　次：2019年10月北京第1版
印　　次：2021年1月第4次印刷
书　　号：ISBN 978-7-5153-5221-3
定　　价：49.90元
（含语音视频教学+案例文件+图集素材+工程图纸+海量实用资源）

本书如有印装质量等问题，请与本社联系
电话：（010）50856188 / 50856189
读者来信：reader@cypmedia.com
投稿邮箱：author@cypmedia.com
如有其他问题请访问我们的网站：http://www.cypmedia.com

前言

✛ 编写本书的初衷

随着国民经济的迅猛发展，现如今建筑设计、机械设计也得到了蓬勃发展，为了帮助广大读者投身于CAD设计行业的大军之中，我们组织了在教学一线的教师编写了本书。本书从初学者的角度出发，以敏锐的视角，简练的语言，并结合室内装潢业的特点，运用典型的工程实例，系统地介绍了AutoCAD 2020的基本操作方法，使广大读者能够在短时间内全面掌握AutoCAD 2020软件的使用方法与操作技巧。

本书作者主要由企业一线专家及高校优秀教师组成，涉猎CAD/CAM技术以及先进制造技术等领域、平面设计领域、计算机网络应用领域、工业设计领域等，他们将多年积累的经验与技术融入到了本书中，帮助读者掌握技术精髓并提升专业技能。因此，我们郑重向您推荐《AutoCAD 2020中文版基础教程》。

✛ AutoCAD 2020简介

AutoCAD是一款功能强大的计算机辅助设计软件，广泛应用于建筑设计、机械绘图、装饰装潢、园林景观等相关行业领域，经过不断地完善，现已经成为国际上广为流行的绘图工具。与传统的手工绘图相比，使用AutoCAD绘图速度更快、精度更高，已经在航空航天、建筑、机械、电子、轻纺、美工等众多领域中得到了广泛应用，并取得了丰硕的成果和巨大的经济效益。

本书以案例为引导，系统并全面地讲解了最新版AutoCAD 2020的相关功能与技能应用。该版本除了保留空间管理、图层管理、选项板的使用、图形管理、块的使用、外部参照文件的使用等优点外，还增加很多更为人性化的设计，如全新的深蓝色主题、新的"块"选项板、更便捷的"清理"功能，以及新增加的"快速测量"工具等。

✛ 本书内容罗列

章 节	内 容
Chapter 01	主要讲解了AutoCAD 2020的工作界面、图形文件的基本操作、系统选项设置及坐标系统等内容
Chapter 02	主要讲解了图形特性、图层设置以及绘图辅助功能的应用等知识
Chapter 03	主要讲解了平面图形的绘制方法，其中包括点、线、矩形、正多边形、圆和椭圆等平面绘图命令的绘制方法，以及图形图案填充功能的应用技巧
Chapter 04	主要讲解了编辑平面图形的操作方法，其中包括目标选择、复制、缩放、镜像、延伸等平面图形编辑命令、夹点编辑模式的应用以及对多线、多段线的编辑知识的介绍
Chapter 05	主要讲解了图块与设计中心的应用操作，其中包括图块的概念、创建与编辑图块、编辑以及管理块属性、设计中心的使用等知识内容
Chapter 06	主要讲解了文本及表格的应用操作，其中包括创建文字样式、创建与编辑单行文本、创建与编辑多行文本等内容
Chapter 07	主要讲解了尺寸标注的创建与编辑操作，其中包括创建与设置标注样式、尺寸标注的多种类型以及编辑标注对象等内容
Chapter 08	主要讲解了三维模型的绘制操作，其中包括三维绘图基础、设置视觉样式、绘制三维实体、二维图形生成三维图形、布尔运算以及三维模型系统变量等知识内容
Chapter 09	主要讲解了三维模型的编辑操作，其中包括三维模型的移动复制、三维实体边和面的编辑以及三维模型形状的编辑等内容
Chapter 10	主要讲解了图形的输出与打印操作，其中包括图形的输入/输出、模型空间与图纸空间的转换、创建和设置布局视口、图形的打印等内容
Chapter 11	主要讲解了机械零件图形的绘制方法，其中包括法兰盘图形、轴承座图形的绘制及轴承座模型的制作等内容
Chapter 12	主要讲解了居室施工图的绘制方法，其中包括原始平面图、平面布置图、顶棚布置图以及立面图等图形等内容
Appendix	主要对课后练习参考答案、快捷键应用、常见命令应用以及常见疑难问题解决办法进行介绍

赠送超值资料

为了帮助读者更加直观地学习AutoCAD，本书赠送的光盘中包括：

（1）书中全部实例的工程文件，方便读者高效学习；

（2）语音教学视频，手把手教你学，扫除初学者对新软件的陌生感；

（3）海量CAD图块，即插即用，可极大提高工作效率，真正做到物超所值；

（4）赠送建筑设计图纸100张，以供读者练习使用；

（5）搜索并关注微信公众平台（ID：DSSF007），获取更多的视频及素材资源。

适用读者群体

全书内容由浅入深，语言通俗易懂，实例题材丰富多样，操作步骤的介绍清晰准确，是引导读者轻松快速掌握AutoCAD 2020的最佳途径，非常适合以下群体阅读：

（1）各大中专院校相关专业的莘莘学子

（2）计算机培训班的学员

（3）建筑设计和机械设计初学者

（4）从事CAD工作的初级工程技术人员

（5）工程制图和AutoCAD爱好者

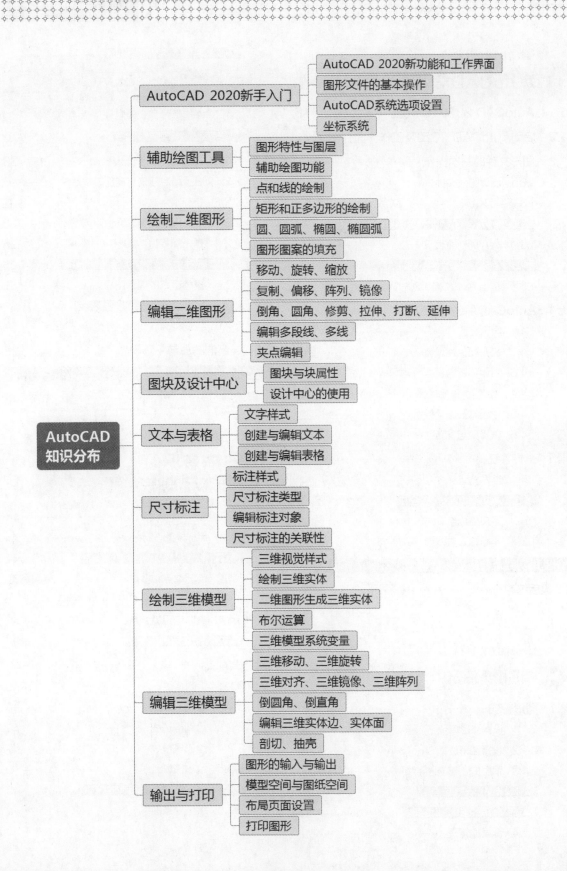

AutoCAD 2020新手入门
- AutoCAD 2020新功能和工作界面
- 图形文件的基本操作
- AutoCAD系统选项设置
- 坐标系统

辅助绘图工具
- 图形特性与图层
- 辅助绘图功能

绘制二维图形
- 点和线的绘制
- 矩形和正多边形的绘制
- 圆、圆弧、椭圆、椭圆弧
- 图形图案的填充

编辑二维图形
- 移动、旋转、缩放
- 复制、偏移、阵列、镜像
- 倒角、圆角、修剪、拉伸、打断、延伸
- 编辑多段线、多线
- 夹点编辑

图块及设计中心
- 图块与块属性
- 设计中心的使用

AutoCAD 知识分布

文本与表格
- 文字样式
- 创建与编辑文本
- 创建与编辑表格

尺寸标注
- 标注样式
- 尺寸标注类型
- 编辑标注对象
- 尺寸标注的关联性

绘制三维模型
- 三维视觉样式
- 绘制三维实体
- 二维图形生成三维实体
- 布尔运算
- 三维模型系统变量

编辑三维模型
- 三维移动、三维旋转
- 三维对齐、三维镜像、三维阵列
- 倒圆角、倒直角
- 编辑三维实体边、实体面
- 剖切、抽壳

输出与打印
- 图形的输入与输出
- 模型空间与图纸空间
- 布局页面设置
- 打印图形

Chapter 01

AutoCAD 2020 入门

课题概述 AutoCAD 2020软件具有绘制二维图形、三维图形、标注图形、协同设计、图纸管理等功能，新版本的操作更加便捷。目前，该软件已广泛应用于建筑设计、工业设计、服装设计、机械设计以及电子电气设计等领域。

教学目标 本章将为用户介绍AutoCAD 2020的工作界面、图形文件的基本操作，以及系统选项设置等内容，从而便于读者快速掌握AutoCAD的基础知识。

章节重点	光盘路径
★★★★ | 图形文件的基本操作	**上机实践：**实例文件 \ 第 1 章 \ 上机实践：自定义界面颜色 .dwg
★★★☆ | 系统选项设置	
★★☆☆ | AutoCAD 工作界面	**课后练习：**实例文件 \ 第 1 章 \ 课后练习
★☆☆☆ | 坐标系统	

注：★个数越多表示难度越高，以下皆同。

1.1 AutoCAD 2020 的新功能

就像每年的更新一样，AutoCAD 2020同样带来了一些新的功能或性能提升，与旧版本的AutoCAD相比，2020版本增添了不少新的功能，比如暗色主题、更优质的性能、新块调色板等。下面将分别进行介绍：

1. 潮流的暗色主题

继 Mac、Windows、Chrome 推出或即将推出暗色主题（dark theme）后，AutoCAD 2020也带来了全新的暗色主题，它有着现代的深蓝色界面、扁平的外观、改进的对比度和优化的图标，提供更柔和的视觉和更清晰的视界，如图1-1所示。

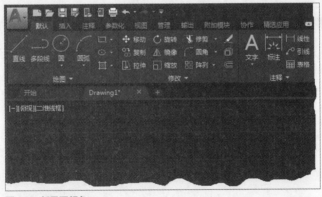

图 1-1 新界面颜色

2. 新的"块"选项板

新的"块"选项板可以提高查找和插入多个块的效率，包括当前的、最近使用的以及其他的块，并添加了"重复放置"选项以节省步骤，如图1-2所示。用户可以通过新块调色板（blockspalette）命令来打开该选项板。

3. 功能区访问图块

从功能区便可访问当前图形中可用块的库，并提供了两个新选项，即"最近使用的块"和"其他图形中的块"，如图1-3所示。这两个选项均可将"块"选项板打开到"最近使用"选项卡或"其他图形"选项卡。"块"选项板中的"当前图形"选项卡显示当前图形中与功能区库相同的块。可以通过拖放或单击再放置操作，从"块"选项板放置块。

图1-2　新块调色板

图1-3　功能区访问图块

4. 更便捷的"清理"功能

重新设计的清理工具有了更一目了然的选项，通过简单的选择，可以一次删除多个不需要的对象。还有"查找不可清除项目"以及"可能的原因"按钮，以帮助了解无法清理某些项目的原因，如图1-4所示。在功能区的"管理"选项卡中也增加了"清理"选项板，用户也可以通过此处进行清理操作。

5. "快速测量"工具

新版本的测量工具中增加了"快速测量"工具，允许通过移动或悬停光标来动态显示对象的标注、距离、角度等数据，测量速度变得更快。被测量的活动区域会以高亮显示，如图1-5所示。

图1-4　"清理"对话框

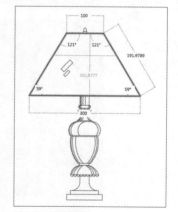

图1-5　快速测量

6. DWG比较功能增强

新版本中的CAD图纸快速比较插件（DWG Compare）功能得到了增强，用户可以在不离开当前窗口的情况下比较图形的两个版本，并将所需的更改导入到当前图形中。

7. 更优质的性能

AutoCAD 2020的文件保存工作只需0.5秒，比上一版本整整快了1秒。此外，软件在固态硬盘上的安装时间也缩短了约50%。

1.2 启动 AutoCAD 2020 及工作界面介绍

成功安装AutoCAD 2020后，系统会在桌面上创建AutoCAD的快捷启动图标，并在程序文件夹中创建AutoCAD程序组。用户可以通过下列方式启动AutoCAD 2020:

- 执行"开始>所有程序>Autodesk>AutoCAD 2020-简体中文（Simplified Chinese）>AutoCAD2020-简体中文（Simplified Chinese）"命令。
- 双击桌面上的AutoCAD快捷启动图标。
- 双击任意一个AutoCAD图形文件。

双击打开已有的图纸文件，即可看到AutoCAD 2020的工作界面。需要说明的是，其默认为黑色界面，在此为了便于显示，将界面做了相应的调整，如图1-6所示。

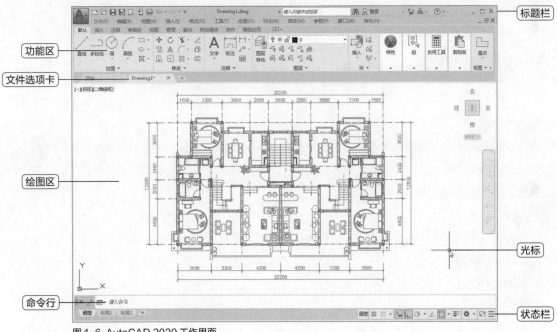

图1-6 AutoCAD 2020 工作界面

1. 标题栏

标题栏位于工作界面的最上方，由"菜单浏览器"按钮、快速访问工具栏、当前图形标题、搜索栏、Autodesk A360以及窗口控制等按钮组成。将光标移至标题栏上，右击鼠标或按Alt+空格键，将弹出窗口控制菜单，从中可执行窗口的还原、移动、最小化、最大化、关闭等操作，如图1-7所示。

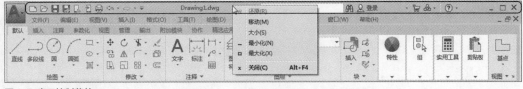

图1-7 窗口控制菜单

AutoCAD 2020 中文版基础教程

2. 菜单栏

默认情况下，在"草图与注释""三维基础"和"三维建模"工作界面中是不显示菜单栏的。若要显示菜单栏，则可以在快速访问工具栏中单击▼下拉按钮，在列表中选择"显示菜单栏"命令即可，显示如图1-8所示的菜单栏，其中包括文件、编辑、视图、插入、格式、工具、绘图、标注、修改、参数、窗口、帮助12个主菜单。

图1-8 菜单栏

3. 功能区

在AutoCAD中，功能区包含功能区选项卡、功能区面板和功能区按钮组，其中功能区按钮是代替命令的简便工具，利用它们可以完成绘图过程中的大部分工作，而且使用工具进行操作的效率比使用菜单要高很多。使用功能区时无需显示多个工具栏，它通过单一紧凑的工作界面使应用程序变得简洁有序，使绘图窗口变得更大。

在功能区面板中单击面板标题右侧的"最小化为面板按钮"▣▾按钮，可以设置不同的最小化选项，如图1-9所示。

图1-9 功能区

4. 绘图区

绘图区是用户的工作窗口，是绘制、编辑和显示图形对象的区域。其中，有"模型"和"布局"两种绘图模式，单击"模型"或"布局"标签，可以在这两种模式之间进行切换。一般情况下，用户在模型空间绘制图形，然后转至布局空间安排图纸输出布局。

5. 命令窗口

命令窗口是用户通过键盘输入命令、参数等信息的地方。不过，用户通过菜单和功能区执行的命令也会在命令窗口中显示。默认情况下，命令窗口位于绘图区的下方，用户可以通过拖动命令窗口的左边框将其移至任意位置，如图1-10所示。

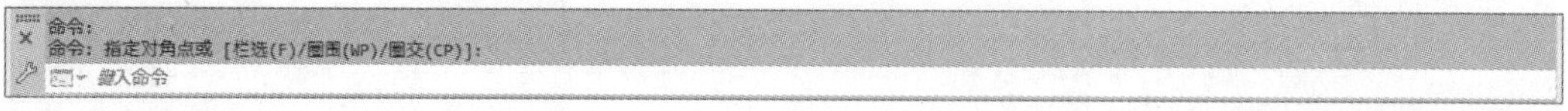

图1-10 命令窗口

文本窗口是记录AutoCAD历史命令的窗口，用户可以通过按F2键打开"AutoCAD文本窗口"，以便于快速访问完整的历史记录，如图1-11所示。

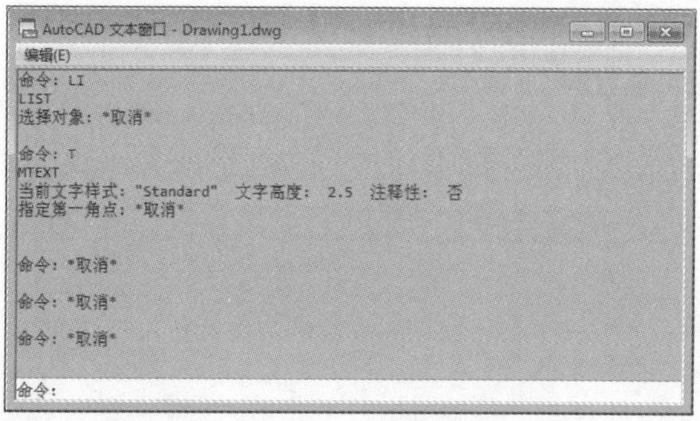

图1-11 文本窗口

6. 状态栏

状态栏位于工作界面的最底端，用于显示当前的绘图状态。状态栏的最左侧有"模式"和"布局"两个绘图模式，单击鼠标即可切换模式。状态栏右侧主要用于显示光标坐标轴、控制绘图的辅助功能、控制图形状态的功能等多个按钮，如图1-12所示。

图1-12 状态栏

7. 快捷菜单

一般情况下快捷菜单是隐藏的，在绘图区空白处单击鼠标右键即可弹出快捷菜单。在无操作状态下弹出的快捷菜单，与在操作状态下弹出的快捷菜单或者选择图形后弹出的快捷菜单都是不同的，如图1-13、1-14、1-15所示。

图1-13 无操作状态弹出的菜单　　图1-14 操作状态下弹出的菜单　　图1-15 选择图形后弹出的菜单

✛ 1.3　图形文件的基本操作

图形文件的管理是设计过程中的重要环节，为了避免由于误操作导致图形文件的意外丢失，在设计过程中需要随时对文件进行保存。图形文件的基本操作包括图形文件的新建、打开、保存以及另存为等。

1.3.1　创建图形文件

启动AutoCAD 2020后，即可打开"开始"界面，单击"开始绘制"图案按钮，即可新建一个新的空白图形文件，如图1-16所示。

除此之外，用户还可通过以下几种方法来创建图形文件。

● 执行"文件>新建"命令。

● 单击文件菜单按钮，在弹出的列表中执行"新建>图形"命令。

● 单击快速访问工具栏中的"新建"按钮。

● 单击绘图区上方文件选项栏中的"新图形"按钮。

● 在命令行中输入NEW命令，然后按Enter键。

执行以上任意操作后，系统将自动打开"选择样板"对话框，如图1-17所示。从文件列表中选择需要的样板，然后单击"打开"按钮即可创建新的图形文件。

在打开图形时，还可以选择不同的计量标准，单击"打开"按钮右侧的下拉按钮，在列表中若选择"无样板打开-英制"选项，则使用英制单位为计量标准绘制图形；若选择"无样板打开-公制"选项，则使用公制单位为计量标准绘制图形。

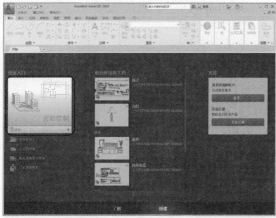

图 1-16 "开始"界面

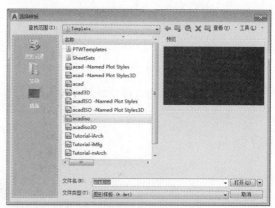

图 1-17 "选择样板"对话框

1.3.2 打开图形文件

启动AutoCAD 2020后，在打开的"开始"界面中，单击"打开文件"选项按钮，在"选择文件"对话框中，选择所需图形文件即可打开。

用户还可以通过以下方式打开已有的图形文件。

- 执行"文件>打开"命令。
- 单击"菜单浏览器"按钮🅰，在弹出的列表中执行"打开>图形"选项。
- 单击快速访问工具栏中的"打开"按钮🗁。
- 在命令行中输入OPEN命令，然后按Enter键。

执行以上任意操作后，系统会自动打开"选择文件"对话框，如图1-18所示。在"选择文件"对话框中，单击"查找范围"下拉按钮，在弹出的下拉列表中，选择要打开的图形文件夹，选择图形文件，单击"打开"按钮或者双击文件名，即可打开图形文件，如图1-19所示。在该对话框中也可以单击"打开"按钮右侧的下拉按钮，在弹出的下拉列表中选择所需的方式来打开图形文件。

图 1-18 "选择文件"对话框

图 1-19 打开图形文件

　　AutoCAD 2020支持同时打开多个文件，利用AutoCAD的这种多文档特性，用户可在打开的所有图形之间来回切换、修改、绘图，还可参照其他图形进行绘图，在图形之间复制和粘贴图形对象，或从一个图形向另一个图形移动对象。

> **工程师点拨：使用"查找"功能打开文件**
>
> 在"选择文件"对话框中，单击"工具"下拉按钮，选择"查找"选项，在弹出的"查找"对话框中，输入要打开的文件名称，并设置好查找范围，单击"开始查找"按钮，进行查找，稍等片刻即可显示查找结果，双击所需结果文件，返回上一层对话框，选择查找到的文件，单击"打开"按钮即可打开，如图1-20所示。
>
>
>
> 图1-20 "查找"对话框

1.3.3　保存图形文件

　　对图形进行编辑后，要对图形文件进行保存。可以直接保存，也可以更改名称后保存为另一个文件。

1. 保存新建的图形

　　通过下列方式可以保存新建的图形文件。

- 执行"文件>保存"命令。
- 单击"菜单浏览器"按钮，在弹出的列表中执行"保存"命令。
- 单击快速访问工具栏中的"保存"按钮。
- 在命令行中输入SAVE命令，然后按下Enter键。

图1-21 "图形另存为"对话框

　　执行以上任意一种操作后，系统将自动打开"图形另存为"对话框，如图1-21所示。在"保存于"下拉列表中指定文件保存的文件夹，在"文件名"文本框中输入图形文件的名称，在"文件类型"下拉列表中选择保存文件的类型，最后单击"保存"按钮。

2. 图形换名保存

　　对于已保存的图形，可以更改名称保存为另一个图形文件。先打开该图形文件，然后通过下列任意方式进行另保存操作。

- 执行"文件>另存为"命令。
- 单击文件菜单按钮，在弹出的列表中执行"另存为"命令。
- 在命令行中输入SAVE命令，然后按Enter键。

　　执行以上任意一种操作后，系统将会自动打开"图形另存为"对话框，设置需要的名称及其他选项后保存即可。

> **工程师点拨：重复文件名提示框**
>
> 保存新创建的文件时，如果输入的文件名在当前文件夹中已经
> 存在，那么系统将会弹出如图1-22所示的提示对话框。
>
>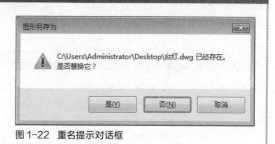
>
> 图1-22　重名提示对话框

1.3.4　退出 AutoCAD 2020

图形绘制完毕并保存之后，可以通过下列方式退出AutoCAD 2020。

- 执行"文件>退出"命令。
- 单击文件菜单按钮，在弹出的列表中执行"退出Autodesk AutoCAD 2020"命令。
- 单击标题栏中的"关闭"按钮。
- 按Ctrl+Q组合键。

1.4　AutoCAD 系统选项设置

AutoCAD 2020的系统参数设置用于对系统进行配置，包括设置文件路径、更改绘图背景颜色、设置自动保存的时间、设置绘图单位等。安装AutoCAD 2020软件后，系统将自动完成默认的初始系统配置。用户在绘图过程中，可以通过下列方式进行系统配置。

- 执行"工具>选项"命令。
- 单击文件菜单按钮，在弹出的列表中执行"选项"命令。
- 在命令行中输入OPTIONS，然后按Enter键。
- 在绘图区中单击鼠标右键，在弹出的快捷菜单中选择"选项"命令。

执行以上任意一种操作后，系统将打开"选项"对话框，用户可在该对话框中设置所需的系统配置。

1.4.1　显示设置

打开"显示"选项卡，从中可以设置窗口元素、布局元素、显示精度、显示性能、十字光标大小、淡入度控制显示性能，如图1-23所示。

1. 窗口元素

"窗口元素"选项组主要用于设置窗口的颜色、窗口内容显示的方式等相关内容。例如，单击"颜色"按钮后将弹出"图形窗口颜色"对话框，从中可以设置二维模型空间的颜色，单击"颜色"下拉按钮，选择需要的颜色即可，如图1-24所示。

2. 显示精度

该选项组用于设置圆弧或圆的平滑度、每条多段线的段数等项目。

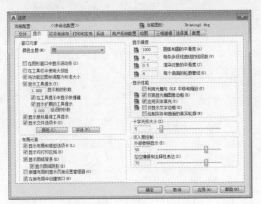

图1-23 "显示"选项卡

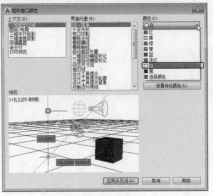

图1-24 "图形窗口颜色"对话框

3. 布局元素

该选项组用于设置图纸布局相关的内容，并控制图纸布局的显示或隐藏。例如，显示布局中的可打印区域（可打印区域是指虚线以内的区域），勾选"显示可打印区域"复选框的布局，如图1-25所示，不显示可打印区域的布局，如图1-26所示。

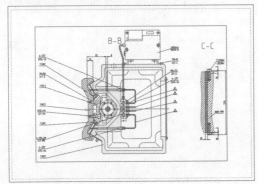

图1-25 显示可打印区域

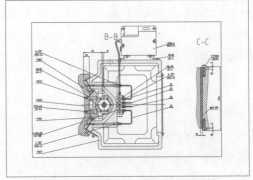

图1-26 不显示可打印区域

4. 显示性能

该选项组用于利用光栅与OLE平移与缩放、仅亮显光栅图像边框、应用实体填充、仅显示文字边框等参数进行设置。

5. 十字光标大小

该选项用于调整光标的十字线大小。十字光标的值越大，光标两边的延长线就越长。十字光标为5时，如图1-27所示，十字光标为100时，如图1-28所示。

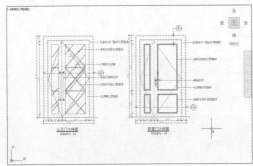

图1-27 十字光标为10

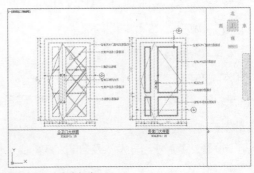

图1-28 十字光标为100

AutoCAD 2020 中文版基础教程

6. 淡入度控制

该组设置参数可以将不同类型的图形区分开来，操作更加方便，用户可以根据自己的习惯来调整这些淡入度的设置。

1.4.2 打开和保存设置

在"打开和保存"选项卡中，用户可以进行文件保存、文件安全措施、文件打开、外部参照等方面的设置，如图1-29所示。

1. 文件保存

"文件保存"选项组可以设置文件保存的格式、缩略图预览以及增量保存百分比设置等参数。

2. 文件安全措施

该选项组用于设置自动保存的间隔时间，是否创建副本，设置临时文件的扩展名等。

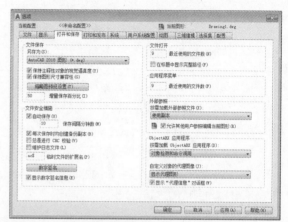

图1-29 "打开和保存"选项卡

3. 文件打开与应用程序菜单

"文件打开"选项组可以设置在窗口中打开的文件数量等，"应用程序菜单"选项组可以设置最近打开的文件数量。

4. 外部参照

该选项组可以设置调用外部参照时的状况，可以设置启用、禁用或使用副本。

5. ObjectARX应用程序

该选项组可以设置加载ObjectARX应用程序和自定义对象的代理图层。

1.4.3 打印和发布设置

在"打印和发布"选项卡中，用户可以设置打印机和打印样式参数，包括出图设备的配置和选项，如图1-30所示。

1. 新图形的默认打印设置

用于设置默认输出设备的名称以及是否使用上次的可用打印设置。

2. 打印到文件

用于设置打印到文件操作的默认位置。

3. 后台处理选项

用于设置何时启用后台打印。

4. 打印和发布日志文件

用于设置打印和发布日志的方式及保存打印日志的方式。

5. 自动发布

用于设置是否需要自动发布及自动发布的文件位置、类型等。

6. 常规打印选项

用于设置修改打印设备时的图纸尺寸、后台打印警告、设置OLE打印质量以及是否隐藏系统打印机。

7. 指定打印偏移时相对于

用于设置打印偏移时相对于对象为可打印区域还是图纸边缘。单击"打印戳记设置"按钮，将弹出"打印戳记"对话框，用户可以从中设置打印戳记的具体参数，如图1-31所示。

图1-30 "打印和发布"选项卡

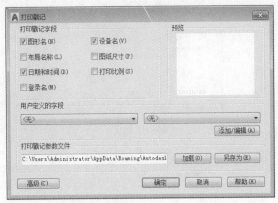

图1-31 "打印戳记"对话框

1.4.4 系统与用户系统设置

在"系统"选项卡中，用户可以设置硬件加速、当前定点设备、数据库连接选项等相关选项，如图1-32所示。

而在"用户系统配置"选项卡中，用户可设置Windows标准操作、插入比例、超链接、字段、坐标数据输入的优先级等选项。另外还可单击"块编辑器设置""线宽设置"和"默认比例列表"按钮，进行相应的参数设置，如图1-33所示。

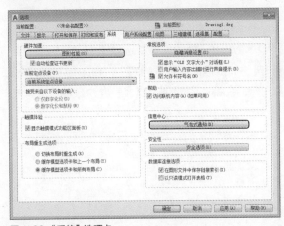

图1-32 "系统"选项卡

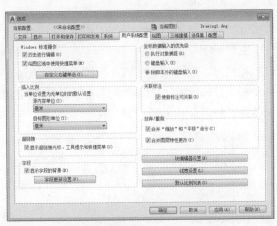

图1-33 "用户系统配置"选项卡

1. 硬件加速

单击"图形性能"按钮，可以进行相应的参数设置，如图1-34所示。

2. 信息中心

单击"气泡式通知"按钮，打开"信息中心设置"对话框，从中可以对相应参数进行设置，如图1-35所示。

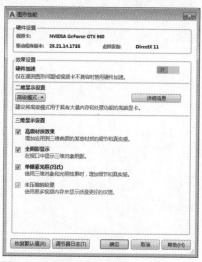

图 1-34 "图形性能"对话框

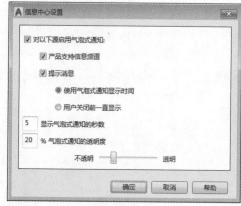

图 1-35 "信息中心设置"对话框

3. 当前定点设备

"当前定点设备"选项组可以设置定点设备的类型，接受某些设备的输入。

4. 布局重生成选项

该选项提供了"切换布局时重生成""缓存模型选项卡和上一个布局"和"缓存模型选项卡和所有布局"3种布局重生成样式。

5. 常规选项

该选项组用于设置消息的显示与隐藏及显示"OLE文字大小"对话框等项目。

6. 数据库连接选项

该选项可以选择在图形中保存链接索引和以只读模式打开表格。

1.4.5 绘图与三维建模

在"绘图"选项卡中，用户可以在"自动捕捉设置"和"AutoTrack设置"选项组中设置绘图时自动捕捉和自动追踪的相关内容，另外还可以拖动滑块调节自动捕捉标记和靶框的大小，如图1-36所示。

在"三维建模"选项卡中，用户可以设置三维十字光标、在视口中显示工具、三维对象和三维导航等选项，如图1-37所示。

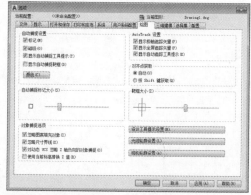

图 1-36 "绘图"选项卡

图 1-37 "三维建模"选项卡

1. 自动捕捉设置

"自动捕捉设置"选项组用于设置在绘制图形时捕捉点的样式。

2. 对象捕捉选项

在该选项组用于可以设置忽略图案填充对象、使用当前标高替换Z值等项目。

3. AutoTrack 设置

可以设置选项为显示极轴追踪矢量、显示全屏追踪矢量和显示自动追踪工具提示。

4. 三维十字光标

"三维建模"选项卡下的"三维十字光标"选项组可用于设置十字光标是否显示Z轴,是否在标准十字光标中加入轴标签以及十字光标标签的显示样式等。

5. 三维对象

该选项组用于设置创建三维对象时要使用的视觉样式、曲面上的素线数、设置镶嵌和网格图元选项。

1.4.6 选择集与配置 ←

在"选择集"选项卡中,用户可以设置拾取框大小、选择集模式、夹点尺寸、预览和夹点的相关内容,如图1-38所示。

在"配置"选项卡中,用户可以针对不同的需求在此进行设置并保存,这样以后需要进行相同的设置时,只需调用该配置文件即可。

1. 拾取框大小

通过拖动滑块,设置用户想要的拾取框的大小值。

2. 选择集模式

用于设置先选择后执行、隐含选择窗口中的对象、窗口选择方法和选择效果颜色等选项,设置选择集模式。

3. 预览

用于命令处于活动状态的选择集、未激活命令时的选择集预览效果。单击"视觉效果设置"按钮后,可在弹出的"视觉效果设置"对话框中调节视觉样式的各种参数,如图1-39所示。

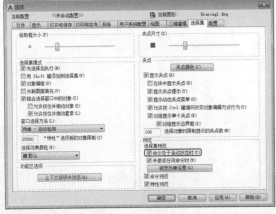

图1-38 "选择集"选项卡

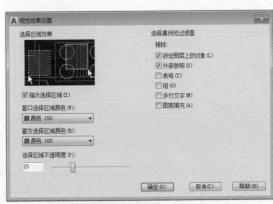

图1-39 "视觉效果设置"对话框

⊕ 1.5 坐标系统

在绘图时，AutoCAD通过坐标系确定点的位置。AutoCAD坐标系分世界坐标系（WCS）和用户坐标系（UCS），用户可通过UCS命令进行坐标系的转换。

1.5.1 世界坐标系

世界坐标系也称为WCS坐标系，它是AutoCAD中的默认坐标系，通过3个相互垂直的坐标轴X、Y、Z来确定空间中的位置。世界坐标系的X轴为水平方向，Y轴为垂直方向，Z轴正方向垂直屏幕向外，坐标原点位于绘图区左下角，如图1-40所示为二维图形空间的坐标系，如图1-41所示为三维图形空间的坐标系。

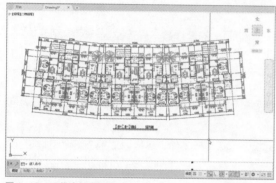

图 1-40　二维空间坐标系　　　　　　　　　　　　　　　　图 1-41　三维空间坐标系

 工程师点拨：设置 X、Y 轴坐标

在XOY平面上绘制、编辑图形时，只需要输入X轴和Y轴坐标，Z轴坐标由系统自动设置为0。

1.5.2 用户坐标系

用户坐标系也称为UCS坐标系，用户坐标系是可以进行更改的，它主要为图形的绘制提供参考。创建用户坐标系可以通过执行"工具>新建"菜单命令下的子命令来实现，也可以通过在命令窗口中输入命令UCS来完成。

1.5.3 坐标输入方法

在绘制图形对象时，经常需要输入点的坐标值来确定线条或图形的位置、大小和方向。输入点的坐标有4种方法：绝对直角坐标、相对直角坐标、绝对极坐标和相对极坐标。

1. 绝对坐标

常用的绝对坐标表示方法有绝对直角坐标和绝对极坐标两种。

（1）绝对直角坐标

绝对直角坐标是指相对于坐标原点的坐标，可以输入（X,Y）或（X,Y,Z）坐标来确定点在坐标系中的位置。如在命令行中输入（6,18,32），表示在X轴正方向距离原点6个单位，在Y轴正方向距离原点18个单位，在Z轴正方向距离原点32个单位。

（2）绝对极坐标

　　绝对极坐标通过相对于坐标原点的距离和角度来定义点的位置。输入极坐标时，距离和角度之间用"<"符号隔开。如在命令行中输入（15<30），表示该点距离原点15个单位，与X轴成30°角。在默认情况下，AutoCAD以逆时针旋转为正，顺时针旋转为负。

2. 相对坐标

　　相对坐标是指相对于上一个点的坐标，相对坐标以前一个点为参考点，用位移增量确定点的位置。输入相对坐标时，要在坐标值的前面加上一个"@"符号。如上一个操作点的坐标是（6,12），输入（1,2），则表示该点的绝对直角坐标为（7,14）。

　　示例1-1：利用极轴坐标与相对坐标绘制如图1-42所示的图形。

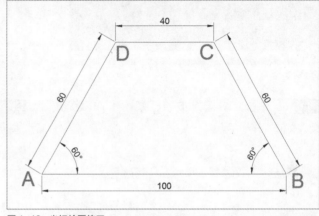

图1-42　坐标绘图练习

Step 01 在"默认"选项卡的"绘图"面板中单击"直线"按钮。

Step 02 根据命令行的提示"指定第一个点"，在绘图区域通过鼠标单击指定一点，以确定A点。

Step 03 根据命令行提示"指定下一点或 [放弃(U)]"，输入@100,0，然后按Enter键，确定B点。

Step 04 命令行提示"指定下一点或 [放弃(U)]"，输入@60<120，然后按Enter键，确定C点。

Step 05 根据命令行提示"指定下一点或 [闭合(C)/放弃(U)]"，输入@-40,0，然后按Enter键，以确定D点。

Step 06 命令后提示"指定下一点或 [闭合(C)/放弃(U)]"，输入C，然后按Enter键。至此，图形绘制完毕。

⊹ 上机实践　自定义界面颜色

　⊹ **实践目的**　　通过本实训可掌握"选项"对话框的使用，为后期绘图做好准备。

　⊹ **实践内容**　　根据自己的习惯更改 AutoCAD 操作界面的背景颜色。

　⊹ **实践步骤**　　在"选项"对话框的"显示"选项卡中进行设置。

Step 01 启动AutoCAD 2020软件并打开图形文件，可以看到默认的工作界面为深蓝色，如图1-43所示。

Step 02 在命令行中输入options命令，按Enter键后打开"选项"对话框，在"显示"选项卡中，单击"窗口元素"选项区的"颜色主体"下拉按钮，在打开的列表中选择"明"选项，如图1-44所示。

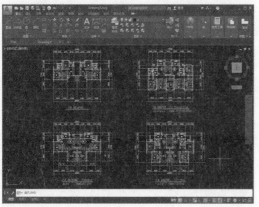

图1-43 选择"选项"命令

图1-44 单击"颜色"按钮

Step 03 单击"应用"按钮，观察工作界面效果，如图1-45所示。

Step 04 在对话框中，单击"颜色"按钮打开"图形窗口颜色"对话框，再单击"颜色"下拉按钮并选择需要替换的颜色，如图1-46所示。

图1-45 预览工作界面颜色

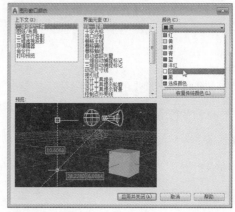

图1-46 选择颜色

Step 05 选择颜色后在"预览"窗口中会显示预览效果，设置完成后，单击"应用并关闭"按钮，如图1-47所示。

Step 06 返回到上一层对话框，单击"确定"按钮，完成设置操作。此时绘图区的背景颜色已发生了变化，如图1-48所示。

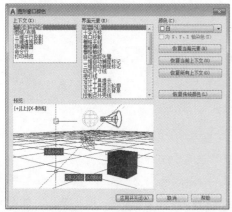

图1-47 预览效果

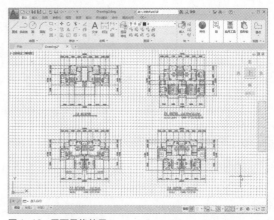

图1-48 界面最终效果

课后练习

通过本章的学习，用于对AutoCAD 2020的工作界面、文件的打开与保存，以及系统选项设置有了一定的认识。下面再结合习题，回顾AutoCAD的常见操作知识。

一、填空题

1、AutoCAD 2020为用户提供了"二维草图与注释""_____"和"三维建模"3种工作空间。

2、在创建新图形文件时，最常用的是acad样板和_____样板。

3、_____是记录了AutoCAD历史命令的窗口，是一个独立的窗口。

二、选择题

1、AutoCAD的（　　）菜单包含丰富的绘图命令，使用它们可以绘制直线、多段线、圆、矩形、多边形、椭圆等基本图形。

  A、文件   B、工具   C、格式   D、绘图

2、在十字光标处被调用的菜单为（　　）。

  A、鼠标菜单   B、十字交叉线菜单 C、快捷菜单   D、没有菜单

3、在AutoCAD中不可以设置"自动隐藏"特性的对话框是（　　）。

  A、"选项"对话框   B、"设计中心"对话框

  C、"特性"对话框   D、"工具选项板"对话框

4、AutoCAD中，以下（　　）方式无法切换工作空间。

  A、快速访问工具栏   B、状态栏按钮

  C、"格式"菜单栏   D、"工作空间"工具栏

5、在"选项"对话框的（　　）选项卡中，可以设置夹点大小和颜色。

  A、选择集   B、系统   C、显示   D、打开和保存

三、操作题

1、利用"选项"对话框设置鼠标右键，如图1-49所示。

2、设置一个自己喜欢的绘图环境，如界面颜色、绘图背景颜色、十字光标的显示以及夹点颜色的显示等，如图1-50所示。

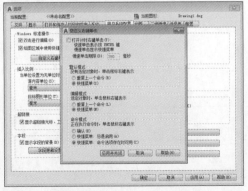

图1-49　设置鼠标右键

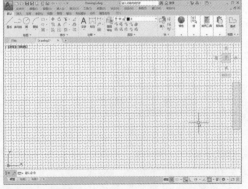

图1-50　绘图环境

Chapter 02 辅助绘图知识

课题概述 在绘图之前需要对绘图环境进行一些必要的设置，包括图形界限、图形单位、图层的创建与设置等。例如，通过对图层进行设置可以调节图形的颜色、线宽以及线型等特性，从而既可以提高绘图效率，又能保证图形的质量。

教学目标 本章将向读者介绍坐标系统、图形的管理以及辅助工具的调用等内容，熟悉并掌握这些知识后，将会对今后的绘图操作提供很大的帮助。

✦ 章节重点	✦ 光盘路径
★★★★ │ 图层的应用 ★★★☆ │ 辅助绘图功能 ★★☆☆ │ 图形单位 ★☆☆☆ │ 图形界限	上机实践：实例文件 \ 第 2 章 \ 上机实践：设置图形的显示效果 .dwg 课后练习：实例文件 \ 第 2 章 \ 课后练习

✦ 2.1 图形管理

图层的创建与管理是AutoCAD有效管理图形，提高工作效率的重要手段。

2.1.1 设置图形单位

在系统默认情况下，AutoCAD 2020的图形单位为十进制单位，包括长度单位、角度单位、缩放单位、光源单位以及方向控制等。

用户可以通过以下命令执行图形单位命令。

● 执行"格式>单位"命令。

● 在命令行中输入UNITS，然后按Enter键。

执行以上任意一种操作后，系统将弹出"图形单位"对话框，如图2-1所示。

图 2-1　图形单位

2.1.2 设置图形界限

图形界限又称为绘图范围，主要用于限定绘图工作区和图纸边界。用户可以通过下列方法为绘图区域设置边界。

● 执行"格式>图形界限"命令。

● 在命令行中输入LIMITS，然后按Enter键。

执行以上任意一种操作后，命令行的提示内容如下：

```
命令：LIMITS
重新设置模型空间界限：
指定左下角点或 ［开(ON)/关(OFF)] <0.0000,0.0000>:
指定右上角点 <420.0000,297.0000>:
```

2.1.3 图层的创建与删除

在AutoCAD中，创建、删除图层以及对图层的其他管理都是通过"图层特性管理器"选项板来实现的。用户可通过以下方式打开"图层特性管理器"选项板。

- 执行"格式>图层"命令。
- 在"默认"选项卡的"图层"面板中单击"图层特性"按钮。
- 在"视图"选项卡的"选项板"面板中单击"图层特性"按钮。
- 在命令行中输入LAYER，然后按Enter键。

1. 创建新图层

在"图层特性管理器"选项板中，单击"新建图层"按钮，系统将自动创建一个名为"图层1"的图层，如图2-2所示。

图层名称是可以更改的。用户也可以在面板中单击鼠标右键，在弹出的快捷菜单中选择"新建图层"命令来创建一个新图层。

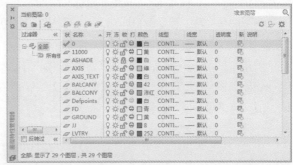

图 2-2 图层特性管理器

 工程师点拨：设置图层名

图层名最长可达255个字符，可以使用数字、字母，但不允许使用大于号、小于号、斜杠、反斜杠、引号、冒号、分号、问号、逗号、竖杠或等于号等符号；在当前图形文件中，图层名称必须是惟一的，不能与已有的图层重名；新建图层时，如果选中了图层名称列表中的某一图层（呈高亮显示），那么新建的图层将自动继承该图层的属性。

2. 删除图层

在"图层特性管理器"选项板中，选择某图层后，单击"删除图层"按钮，即可删除该图层；如果要删除正在使用的图层或当前图层，系统会弹出"未删除"提示框，如图2-3所示。

图 2-3 "未删除"提示

 工程师点拨：无法删除的图层

用于参照的图层不能被删除，其中包括图层0、包含对象的图层、当前图层，以及依赖外部参照的图层，还有一些局部打开图形中的图层也被视为用于参照而不能删除。

2.1.4 图层的管理

在"图层特性管理器"选项板中，除了可创建图层并设置图层属性，还可以对创建好的图层进行管理操作，如图层的控制、置为当前层、改变图层和属性等操作。

1. 图层状态控制

在"图层特性管理器"选项板中，提供了一组状态开关图标，用以控制图层状态，如关闭、冻结、锁定等。

（1）开/关图层

单击"开"按钮，该图层即被关闭，图标即变成。图层关闭后，该图层上的实体不能在屏幕上显示或打印输入，重新生成图形时，图层上的实体将重新生成。

若关闭当前图层，系统会提示是否关闭当前层，只需选择"关闭当前图层"选项即可，如图2-4所示。但是当前层被关闭后，若要在该层中绘制图形，其结果将不显示。

（2）冻结/解冻图层

单击"冻结"按钮，当其变成雪花图样时，即可完成图层的冻结操作。图层冻结后，该图层上的实体不能在屏幕上显示或打印输出，重新生成图形时，图层上的实体不会重新生成。

（3）锁定/解锁图层

单击"锁定"按钮，当其变成闭合的锁图样时，图层即被锁定。图层锁定后，用户只能查看、捕捉位于该图层上的对象，可以在该图层上绘制新的对象，而不能编辑或修改位于该图层上的图形对象，但实体仍可以显示和输出。

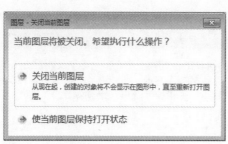

图 2-4 "关闭当前图层"对话框

图 2-5 "特性"选项板

2. 置为当前层

系统默认当前图层为0图层，且只可在当前图层上绘制图形实体，用户可以通过以下方式将所需的图层设置为当前图层。

- 在"图层特性管理器"选项框中选中图层，然后单击"置为当前"按钮。
- 在"图层"面板中，单击"图层"下拉按钮，然后单击图层名。
- 在"默认"选项卡的"图层"面板中单击"置为当前"按钮，根据命令行的提示，选择一个实体对象，即可将选定对象所在的图层设置为当前图层。

3. 改变图形对象所在的图层

通过下列方式可以更改图形对象所在的图层。

- 选中图形对象，然后在"图层"面板的下拉列表中选择所需图层。

● 选中图形对象，右击打开快捷菜单，然后选择"特性"命令，在"特性"选项板的"常规"选项组中单击"图层"选项右侧的下拉按钮，在从下拉列表中选择所需的图层，如图2-5所示。

4. 改变对象的默认属性

默认情况下，用户所绘制的图形对象将使用当前图层的颜色、线型和线宽，也可在选中图形对象后，利用"特性"选项板中"常规"选项组里的各选项为该图形对象设置不同于所在图层的相关属性。

5. 线宽显示控制

由于线宽属性属于打印设置，在默认情况下系统并未显示线宽设置效果。要显示线宽设置效果，可执行"格式>线宽"菜单命令，打开"线宽设置"对话框，勾选"显示线宽"复选框即可。

 工程师点拨：绘图区显示线宽

在"线宽设置"对话框中勾选"显示线宽"复选框后，要单击状态栏中的"显示/隐藏线宽"按钮，才能在绘图区显示线宽。

2.1.5　设置图层的颜色、线型和线宽

在"图层特性管理器"选项板中，可对图层的颜色、线型和线宽进行相应的设置。

1. 颜色设置

打开"图层特性管理器"选项板，单击颜色图标，打开"选择颜色"对话框，如图2-6所示，用户可根据自己的需要在"索引颜色""真彩色"和"配色系统"选项卡中选择所需的颜色。其中标准颜色名称仅适用于1~7号颜色，分别为：红、黄、绿、青、蓝、洋红、白/黑。

2. 线型设置

在"图层特性管理器"选项板中，单击线型图标Continuous，系统将打开"选择线型"对话框，如图2-7所示。在默认情况下，系统仅加载一种Continuous（连续）线型。若需要其他线型，则要先加载该线型，即在"选择线型"对话框中，单击"加载"按钮，打开"加载或重载线型"对话框，如图2-8所示。选择所需的线型之后，单击"确定"按钮，即将其添加到"选择线型"对话框中。

图 2-6　"选择颜色"对话框

图 2-7　"选择线型"对话框　　　　图 2-8　"加载或重载线型"对话框

31

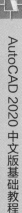

2.1.6 "图层"面板与"特性"面板

在绘制图形时，可将不同属性的图形放置在不同图层中，以便于用户操作。而在图层中，用户可对图形对象的各种特性进行更改，例如颜色、线型以及线宽等。熟练应用图层功能，可大大提高操作效率，还可使图形的清晰度更高。

1. "图层"面板

"图层"功能区主要是对图层进行控制，如图2-9所示。

2. "特性"面板

"特性"功能区主要是对颜色、线型和线宽进行控制，如图2-10所示。

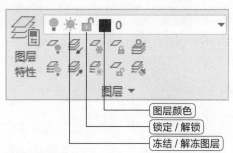

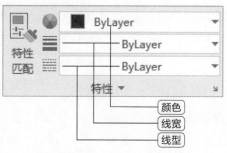

图2-9 "图层"面板   图2-10 "特性"面板

3. 线宽的设置

线宽是CAD图形的一个基本属性，用户可以通过图层来进行线宽设置，也可以直接对图形对象单独设置线宽。

在"图层特性管理器"选项板中，若需对某图层的线宽进行设置，可通过以下方法进行操作：

单击所需图层的线宽 ── 默认 图标按钮，打开"线宽"对话框，如图2-11所示。在"线宽"列表中，选择所需线宽后，单击"确定"按钮即可。

图2-11 "线宽"对话框

2.1.7 非连续线外观控制

在绘制图形时，经常需要使用非连续线型，如中线等，根据图形尺寸的不同，有时需要调整外观。

AutoCAD通过系统变量LTSCALE和CELTSCALE控制非连续线型的外观，这两个系统变量的默认值是1，其数值越小，线度越密。

 工程师点拨：改变比例因子

要更改已绘制对象的比例因子，可先选择该对象，然后在绘图区域中单击鼠标右键，选择快捷菜单中的"特性"命令，在打开的"特性"选项中更改即可。

2.2 设置绘图辅助功能

在绘制图形过程中，鼠标定位精度较低，这就需要利用状态栏中的显示图形栅格、捕捉模式、正交限制光标、极轴追踪、对象捕捉和对象捕捉追踪等绘图辅助工具来精确绘图。

2.2.1 显示图形栅格与捕捉模式

在绘制图形时，使用捕捉和栅格功能有助于创建和对齐图形中的对象。一般情况下，捕捉和栅格是配合使用的，即捕捉间距与栅格的X、Y轴间距分别一致，这样就能保证鼠标拾取到精确的位置。

1. 显示图形栅格

栅格是一种可见的位置参考图标，有助于定位。显示栅格后，栅格则按照设置的间距显示在图形区域中的点，可以起到坐标纸的作用，以提供直观的距离和位置参照，如图2-12所示。

通过以下方式可以打开或关闭栅格。

- 在状态栏中单击"显示图形栅格"按钮▦。
- 在状态栏中右击"显示图形栅格"按钮，然后单击"网格设置"命令，在弹出来的"草图设置"对话框中选择"启用栅格"选项。
- 按F7键或Ctrl＋G组合键进行切换。

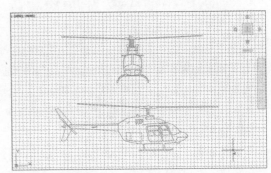

图2-12 显示栅格

2. 捕捉模式

栅格显示只能提供绘制图形的参考背景，捕捉才是约束鼠标光标移动的工具，栅格捕捉功能用于设置鼠标光标移动的固定步长，即栅格点阵的间距，使鼠标在X轴和Y轴方向上的移动量总是步长的整数倍，以提高绘图的精度。大家可以通过下列方式打开或关闭"栅格捕捉"。

- 在状态栏中单击"捕捉模式"按钮▦。
- 在状态栏中右击"捕捉模式"按钮，然后在列表中选择"栅格捕捉"选项。
- 按F9功能键进行切换。

2.2.2 正交限制光标

正交限制光标模式是在任意角度和直角之间对约束线段进行切换的一种模式，在约束线段为水平或垂直的时候可以使用正交模式。通过以下方法可以打开或关闭正交模式。

- 在状态栏中单击"正交限制光标"按钮▫。
- 按F8功能键进行切换。

2.2.3 用光标捕捉到二维参照点

对象捕捉是通过已存在的实体对象的特殊点或特殊位置来确定点的位置，对象捕捉有两种方式，一种是自动对象捕捉，另一种是临时对象捕捉。

临时对象捕捉主要通过"对象捕捉"工具栏实现，执行"工具>工具栏>AutoCAD>对象捕捉"菜单命令，即可打开"对象捕捉"工具栏，如图2-13所示。

Chapter 01 AutoCAD 2020 入门

Chapter 02 辅助绘图知识

Chapter 03 绘制平面图形

Chapter 04 编辑二维图形

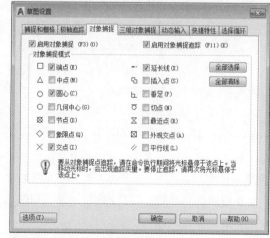

图2-13 临时"对象捕捉"工具栏

执行自动对象捕捉操作前，首先要设置好需要的对象捕捉点，当光标移动到这些对象捕捉点附近时，系统就会自动捕捉到这些点。如果把光标放在捕捉点上多停留一会，系统还会显示捕捉的提示。这样，在选点之前，就可以预览和确认捕捉点。

通过以下方法可以打开或关闭对象捕捉模式。

● 单击状态栏中的"对象捕捉"按钮 。

● 在状态栏中右击"对象捕捉"按钮，在右键菜单中单击"对象捕捉设置"选项，在弹出来的"草图设置"对话框中选择"启用对象捕捉"模式。

● 按F3功能键进行切换。

在"草图设置"对话框中选择"对象捕捉"选项卡，可以设置自动对象捕捉模式。在该选项卡中，列出了14种对象捕捉点和对应的捕捉标记，如图2-14所示。需要捕捉哪些对象捕捉点，勾选这些点前面的复选框即可。下面将对常用的捕捉模式进行介绍。

● 端点□：捕捉直线、圆弧或多段线离拾取点最近的端点，以及离拾取点最近的填充直线、填充多边形或3D面的封闭角点。

● 中点△：捕捉直线、多段线、圆弧的中点。

● 圆心○：捕捉圆弧、圆、椭圆的中心。

● 交点⊠：捕捉直线、圆弧、圆、多段线和另一直线、多段线、圆弧或圆的任何组合的最近的交点。如果第一次拾取时选择了一个对象，命令行提示输入第二个对象，并捕捉两个对象真实的或延伸的交点。该模式不能和"外观交点"模式同时有效。

● 垂足 ：捕捉直线、圆弧、圆、椭圆或多段线上的一点，已选定的点到该捕捉点的连线与所选择的实体垂直。

● 切点 ：捕捉圆弧、圆或椭圆的上的切点，该点和另一点的连线与捕捉对象相切。

示例2-1：利用"对象捕捉"辅助功能，绘制菱形图形。

图2-14 "对象捕捉"选项卡

Step 01 在"默认"选项卡的"绘图"面板中单击"圆"按钮，绘制半径为200mm的圆形，如图2-15所示。

Step 02 在状态栏中右击"对象捕捉"按钮，在弹出的快捷菜单中选择"对象捕捉设置"选项，打开"草图设置"对话框，在"对象捕捉"选项卡下勾选"启用对象捕捉"和"象限点"复选框，再单击"确定"按钮即可，如图2-16所示。

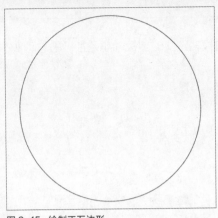

图 2-15　绘制正五边形

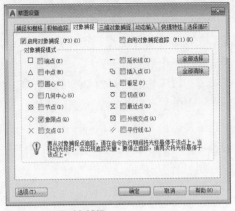

图 2-16　设置对象捕捉

Step 03 在"默认"选项卡的"绘图"面板中单击"直线"按钮，捕捉圆上的一个象限点作为直线起点，再捕捉下一个象限点作为直线的端点，绘制一条直线，如图2-17所示。

Step 04 按照同样的操作，继续捕捉其他两个象限点绘制直线，绘制出如图2-18所示的图形。

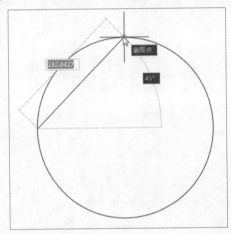

图 2-17　捕捉中点

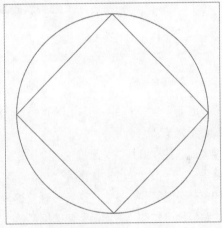

图 2-18　绘制菱形图形

2.2.4　对象捕捉追踪

　　对象捕捉追踪与极轴追踪是AutoCAD 2020提供的两个可以进行自动追踪的辅助绘图功能，即可以自动追踪记忆同一命令操作中光标所经过的捕捉点。从而以其中某一捕捉点的X坐标或Y坐标控制用户所要选择的定位点。

　　用户可以通过以下方法打开或关闭"对象捕捉追踪"功能。

● 在状态栏中单击"对象捕捉追踪"按钮 。
● 在状态栏中右击"对象捕捉追踪"按钮，然后单击"对象捕捉追踪设置"，在弹出来的"草图设置"对话框中选择"启用对象捕捉追踪"模式。
● 按F11功能键进行切换。

　工程师点拨：对象追踪、对象捕捉特点

对象追踪功能必须和对象捕捉功能同时工作，即在追踪对象捕捉到点之前，须先打开对象捕捉功能。

2.2.5 极轴追踪的追踪路径

极轴追踪的追踪路径是由相对于命令起点和端点的极轴定义的。极轴角是指极轴与X轴或前面绘制对象的夹角，如图2-19所示。

用户可以通过以下方法打开或关闭极轴追踪功能。

- 在状态栏中单击"极轴追踪"按钮 。
- 在状态栏中右击"极轴追踪"按钮，在快捷菜单中单击"正在追踪设置"选项，在弹出来的"草图设置"对话框中选择"启用极轴追踪"模式。
- 按F10功能键进行切换。

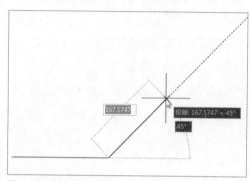

图 2-19 极轴追踪绘图

图 2-20 "极轴追踪"选项卡

在"草图设置"对话框的"极轴追踪"选项卡中，可对极轴追踪进行相关设置，如图2-20所示。各选项功能介绍如下：

- 启用极轴追踪：打开或关闭极轴追踪模式。
- 增量角：选择极轴角的递增角度，AutoCAD 2020按增量角的整体倍数确定追踪路径。
- 附加角：可沿某些特殊方向进行极轴追踪。如按30°增量角的整数倍角度追踪的同时，追踪15°角的路径，可勾选"附加角"复选框，单击"新建"按钮，在文本框中输入15即可。
- 对象捕捉追踪设置：设置对象捕捉追踪的方式。
- 极轴角测量：定义极轴角的测量方式。"绝对"表示以当前UCS的X轴为基准计算极轴角，"相对上一段"表示以最后创建的对象为基准计算极轴踪角。

示例2-2：利用"极轴追踪"功能，绘制边长为100mm的等边三角形。

Step 01 状态栏中右击"极轴追踪"按钮，在弹出的快捷菜单中选择"正在追踪设置"选项，打开"草图设置"对话框，在"极轴追踪"选项卡下勾选"启用极轴追踪"复选框，输入增量角为60°，如图2-21所示。

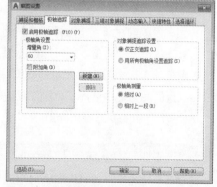

图 2-21 设置极轴追踪

Step 02 单击"确定"按钮，返回到绘图区。在"默认"选线卡的"绘图"面板中单击"直线"按钮，然后在绘图区中指定直线的第一点，向右上方移动光标直到捕捉到60°夹角虚线，根据提示输入长度值100，如图2-22所示。

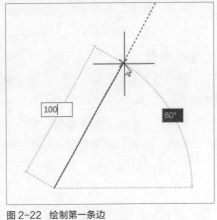

图 2-22 绘制第一条边

Step 03 按Enter键确认，绘制出三角形的一条边，接着向右下角移动光标，继续捕捉60°夹角虚线，再输入长度值100，如图2-23所示。

Step 04 继续按Enter键确认，绘制出三角形的第二条边，最后捕捉直线起点再按Enter键即可完成等边三角形的绘制，如图2-24所示。

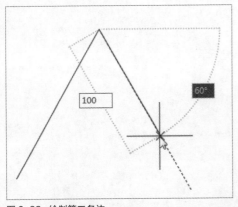

图 2-23 绘制第二条边

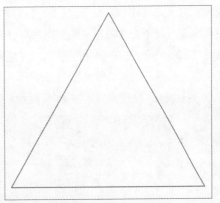

图 2-24 绘制等边三角形

 工程师点拨：正交、追踪模式特点

正交模式和极轴追踪模式不能同时打开。当打开其中一个功能的同时，系统会自动关闭另一个功能。

2.2.6 查询距离、面积和点坐标

可使用查询工具查询图形的距离、角度、面积以及点坐标等基本信息，如图2-25所示。

1. 查询距离

查询距离是测量两个点之间的最短长度值，距离查询是最常用的查询方式。在使用距离查询工具时，只需指定要查询距离的两个端点，系统将自动显示出两个点之间的距离。通过以下方法可以执行"距离"命令。

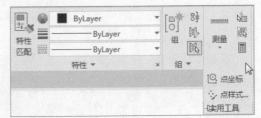

● 执行"工具>查询>距离"命令。

图 2-25 展开"实用工具"面板

- 在"默认"选项卡的"实用工具"面板中单击"距离"按钮 ⟷。
- 在命令行输入DIST，然后按Enter键。

2. 面积查询

利用查询面积功能，可以测量对象及所定义区域的面积和周长。可以通过下列方法执行"面积"查询命令。

- 执行"工具>查询>面积"命令。
- 在"默认"选项卡的"实用工具"面板中单击"面积"按钮 ▥。
- 在命令行输入AREA，然后按Enter键。

🔁 2.3 视窗的缩放与平移视图

"缩放"命令用于增加或减少视图区域，对象的真实性保持不变。"平移"命令用于查看当前视图中的不同部分，不用改变视图大小。

1. 视窗的缩放

缩放视图可以增加或减少图形对象的屏幕显示尺寸，以便观察图形的整体结构和局部细节。缩放视图不改变对象的真实尺寸，只改变显示的比例。

用户可以通过以下方法执行"缩放"命令。

- 执行"视图>缩放"命令中的子命令，如图2-26所示。
- 在绘图区右侧，相关菜单如图2-27所示。
- 在命令行中输入快捷命令ZOOM，然后按Enter键。

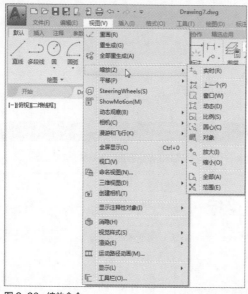

图2-26 缩放命令

图2-27 范围缩放

在命令行中输入快捷命令ZOOM，然后按Enter键，命令行提示内容如下：

```
命令：Z ZOOM
指定窗口的角点，输入比例因子 (nX 或 nXP)，或者
[ 全部 (A)/ 中心 (C)/ 动态 (D)/ 范围 (E)/ 上一个 (P)/ 比例 (S)/ 窗口 (W)/ 对象 (O)] 〈实时 〉：
```

命令行中各选项含义介绍如下：

- 全部：显示整个图形中的所有对象。
- 中心点：在图形中指定一点，然后指定一个缩放比例因子或者指定高度值来显示一个新视图，指定的点将作为该视图的中心点。
- 动态：用于动态缩放视图。当进入动态模式时，在屏幕中将显示一个带"×"的矩形方框，如图2-28所示。单击鼠标左键，窗口中心的"×"消失，显示一个位于右边框的方向箭头，拖动鼠标可以改变选择窗口的大小，以确定选择区域，按Enter键即可缩放图形。
- 范围：在绘图区中尽可能大地显示所有图形对象。与全部缩放模式不同的是，范围缩放使用的显示边界只是图形范围而不是图形界限。
- 窗口：通过用户在屏幕上拾取两个对角点以确定一个矩形窗口，系统将矩形范围内的图形放大至整个屏幕。
- 实时：在该模式下，光标变为放大镜符号。按住鼠标左键向上拖动光标可放大整个图形；向下拖动光标可缩小整个图形；释放鼠标则停止缩放。

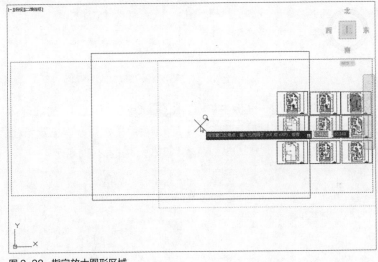

图 2-28　指定放大图形区域

2. 视窗的平移

在绘制图形的过程中，由于某些图形比较大，在放大进行绘制及编辑时，其余图形对象将不能进行显示，如果要显示绘图区边上或绘图区外的图形对象，但又不想改变图形对象的显示比例时，则可以使用平移视图功能，移动图形对象。

用户可以通过以下方法执行"平移"命令。

- 在"视图"菜单栏中的"平移"子命令。
- 绘图区右侧的快捷菜单中的"平移"按钮 。
- 在命令行中输入快捷命令PAN，然后按Enter键。

执行"视图>平移"命令中的子命令，从中既可以左、右、上、下平移视图，还可以使用实时和定点命令平移视图。

- 实时：鼠标指针变为手形 时，按住鼠标左键拖动，窗口内的图形就可以按移动的方向移动。释放鼠标，即返回到平移等待状态。
- 定点：可以通过指定基点和位移值来指定平移视图。

✛ 上机实践 设置图形的显示效果

✛ **实践目的** 通过本实训帮助读者掌握图层的创建与管理功能，以提高绘图效率。
✛ **实践内容** 应用本章所学的知识改变图纸的显示效果。
✛ **实践步骤** 在"图层特性管理器"选项板中进行颜色、线型以及线宽的设置，具体操作介绍如下：

Step 01 打开"楼梯大样图.dwg"素材文件，如图2-29所示。

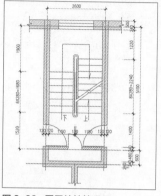

图 2-29 图层特性管理器

Step 02 在"默认"选项卡的"图层"面板中单击"图层特性"按钮，打开"图层特性管理器"选项板，如图2-30所示。

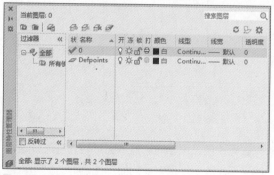

图 2-30 单击颜色图标

Step 03 在"图层特性管理器"选项板中单击"新建图层"按钮，创建新图层，并将其命名为"墙体"，如图2-31所示。

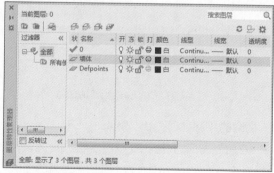

图 2-31 图层特性管理器

Step 04 单击"墙体"图层的"线宽"按钮，打开"线宽"对话框，选择"0.30mm"的线宽，再单击"确定"按钮即可完成该图层的线宽设置，如图2-32所示。

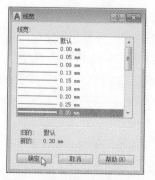

图 2-32 单击颜色图标

Step 05 创建"填充"图层，再单击该图层的"颜色"按钮打开"选择颜色"对话框，从中选择"8号灰色"，如图2-33所示。

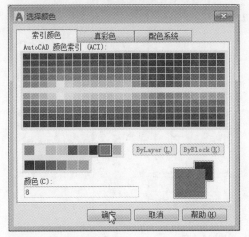

图2-33　"选择颜色"对话框

Step 07 继续创建"中线"图层，设置该图层颜色为"红色"，如图2-35所示。

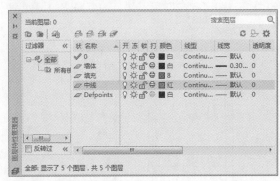

图2-35　创建"中线"图层

Step 09 单击"加载"按钮打开"加载或重载线型"对话框，从"可用线型"列表中选择线型"CENTER"，如图2-37所示。

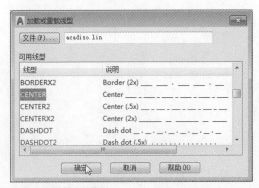

图2-37　选择可用线型

Step 06 选择合适的颜色后单击"确定"按钮关闭该对话框，返回到"图层特性管理器"选项板，如图2-34所示。

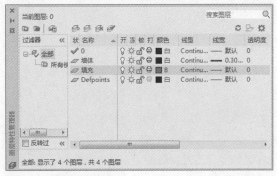

图2-34　图层特性管理器

Step 08 单击"线型"按钮打开"选择线型"对话框，如图2-36所示。

图2-36　"选择线型"对话框

Step 10 单击"确定"按钮回到"选择线型"对话框，从"已加载的线型"列表中选择线型"CENTER"，如图2-38所示。

图2-38　选择已加载的线型

Step 11 单击"确定"按钮返回"图层特性管理器"选项板，创建"门窗"图层，设置图层颜色为"蓝色"，再创建"标注"图层并设置图层颜色为"8号灰色"，如图2-39所示。

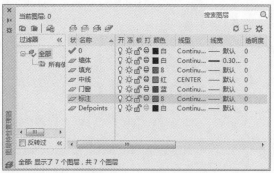

图 2-39 继续创建图层

Step 13 选择一条中线，在功能区的"默认"选项卡"特性"面板中单击"特性"按钮，打开"特性"选项板，设置线型比例为10，如图2-41所示。

图 2-41 设置线型比例

Step 12 选择图形分别放入对应的图层，效果如图2-40所示。

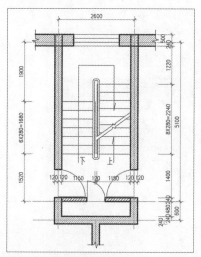

图 2-40 设置图形到图层

Step 14 执行"修改>特性匹配"命令，根据提示先选择这条改变了线型比例的中线，再选择其他中线，即可完成匹配操作，图形最终效果如图2-42所示。

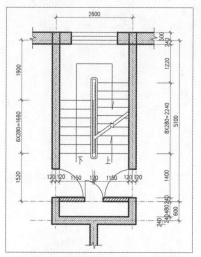

图 2-42 最终效果

课后练习

　　图层是AutoCAD提供的管理图形的一种方法，利用它可以解决许多绘图难题。本练习所含的知识点包括创建图层、图层颜色和线宽的设置等内容。

一、填空题

1、AutoCAD坐标系分世界坐标系和_____，用户可通过_____命令进行坐标系的转换。

2、单击"_____"选项卡的"图层"面板中"图层特性"命令，打开_____对话框，可设置和管理图层。

3、在AutoCAD中，系统默认的线型是_____。

二、选择题

1、以下有关图层锁定的描述，错误的是（　　　）。

　　A、在锁定图层上的对象仍然可见　　　B、在锁定图层上的对象不能打印

　　C、在锁定图层上的对象不能被编辑　　D、锁定图层可以防止对图形的意外修改

2、使用极轴追踪绘图模式时，必须指定（　　　）。

　　A、基点　　　　　　B、附加角　　　　　C、增量角　　　　　D、长度

3、打开和关闭正交模式，可以按功能键（　　　）。

　　A、F8　　　　　　B、F3　　　　　　C、F4　　　　　　D、F11

4、为了切换打开和关闭对象捕捉追踪模式，可以按功能键（　　　）。

　　A、F8　　　　　　B、F3　　　　　　C、F4　　　　　　D、F11

5、CAD中如果栅格间距设置的太小，则会出现如下提示（　　　）。

　　A、不接受命令　　　　　　　　　　　B、"栅格太密无法显示"信息

　　C、产生错误提示　　　　　　　　　　D、自动调整栅格尺寸使其显示出来

三、操作题

1、通过修改图层特性改变图形的显示效果，如图2-43所示。

2、利用捕捉功能绘制五角星，如图2-44所示。

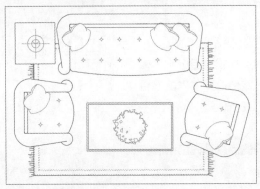

图2-43　沙发组合

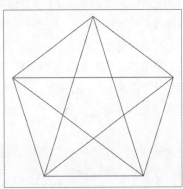

图2-44　绘制图形

Chapter 03

绘制平面图形

课题概述 本章将向读者介绍如何利用AutoCAD 2020软件来创建一些简单的二维图形，其中包括点、线、曲线、矩形以及正多边形等操作命令。

教学目标 通过对本章内容的学习，读者可以熟悉并掌握一些制图的绘制方法和技巧，以便能够更好地绘制出复杂的二维图形。

章节重点	光盘路径
★★★★ ｜ 图案填充	**上机实践**：实例文件＼第3章＼上机实践：绘制单人床图形
★★★★ ｜ 绘制圆、矩形	
★★★☆ ｜ 绘制椭圆、多边形	**课后练习**：实例文件＼第3章＼课后练习
★★☆☆ ｜ 绘制圆弧、椭圆弧	
★☆☆☆ ｜ 绘制点、线	

3.1 点的绘制

点是构成图形的基础，任何复杂的曲线都是由无数个点构成的。点可以分为单个点和多个点，在绘制点之前需要设置点的样式。

3.1.1 点样式的设置

在系统默认情况下，点对象仅被显示为一个小圆点，用户可以利用系统变量PDMODE和PDSIZE来更改点的显示类型和尺寸。

用户可以通过以下方法来打开"点样式"对话框。

- 执行"格式>点样式"命令。
- 在"默认"选项卡的"实用工具"面板中，单击"点样式"按钮。
- 在命令行中输入PTYPE，然后按Enter键。

执行"格式>点样式"命令，打开"点样式"对话框，如图3-1所示。在该对话框中，可以根据需要选择相应的点样式。若选中"相对于屏幕设置大小"单选按钮，则在"点大小"数值框中输入的是百分数；若选中"按绝对单位设置大小"选项，则在数值框中输入的是实际单位。

完成上述设置后，执行"点"命令，新绘制的点以及先前绘制的点的样式将会以新的点类型和尺寸显示。

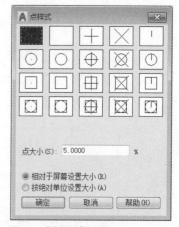

图 3-1 "点样式"对话框

 工程师点拨：启动"点样式"对话框

在命令行中输入DDPTYPE命令，然后按Enter键确认，即可打开"点样式"对话框。在对话框中输入的点大小是实际单位。

3.1.2　绘制单点和多点

设置点样式后，执行"绘图>点>单点"命令，通过在绘图区中单击鼠标左键或输入点的坐标值指定点，即可绘制单点。单点的绘制与多点绘制相同，只是执行"单点"命令后，一次只能创建一个点，而执行"多点"命令，则一次可创建多个点。

用户可以通过以下方法执行"多点"命令。

● 执行"绘图>点>多点"命令。

● 在"默认"选项卡的"绘图"面板中单击"多点"按钮🎲。

● 在命令行中输入POINT，然后按Enter键。

3.1.3　绘制定数等分点

使用"定距等分"命令，可以将所选对象按指定的线段数目进行平均等分。这个操作并不将对象实际等分为单独的对象，其仅是标明定数等分点的位置，以便将它们作为几何参考点。

用户可以通过以下方法执行"定数等分"命令。

● 执行"绘图>点>定数等分"命令。

● 在"默认"选项卡的"绘图"面板中单击"定数等分"按钮🖼。

● 在命令行中输入DICIDE，然后按Enter键。

执行以上任意一种操作后，命令行提示内容如下：

```
命令：_divide
选择要定数等分的对象：                                      （选择对象）
输入线段数目或 [块(B)]:10                      （输入等分数量，按Enter键）
```

示例3-1：使用"定数等分"命令，将圆等分为10份。

Step 01 在"绘图"面板中，单击"定数等分"按钮，根据命令行的提示，选择要等分的线段，这里选择大圆轮廓线，按Enter键后，输入等分数10，如图3-2所示。

Step 02 再次按Enter键，完成大圆的等分操作。按照同样的方法，等分小圆，结果如图3-3所示。

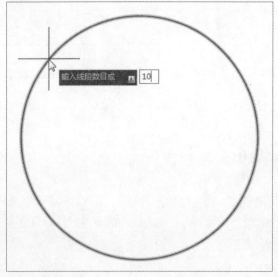

图3-2　输入数目

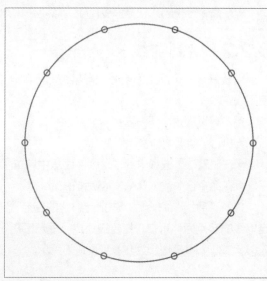

图3-3　定数等分效果

3.1.4　绘制定距等分点

使用"定距等分"命令，可以从选定对象的某一个端点开始，按照指定的长度开始划分，等分对象的最后一段可能要比指定的间隔短。

用户可以通过以下方法执行"定距等分"命令。

● 执行"绘图>点>定距等分"命令。

● 在"默认"选项卡的"绘图"面板中单击"定距等分"按钮▨。

● 在命令行中输入MEASURE，然后按Enter键。

执行以上任意一种操作后，命令行提示内容如下：

```
命令：_measure
选择要定距等分的对象：                                            （选择等分图形）
指定线段长度或 [块(B)]: 18                              （输入等分数值，按 Enter 键）
```

 工程师点拨：设置放置点

放置点的起始位置从离对象选取对象点较近的端点开始，如果对象总长不能被所选长度整除，则最后放置点到对象端点的距离不等于所选长度。

✛ 3.2　线的绘制

线条的类型有多种，如直线、射线、构造线、多线、多段线、样条曲线以及矩形等。下面将为用户介绍各种线的绘制方法和功能。

3.2.1　绘制直线

直线是在绘制图形过程中最基本、常用的绘图命令。用户可以通过以下方法执行"直线"命令。

● 执行"绘图>直线"命令。

● 在"默认"选项卡的"绘图"面板中单击"直线"按钮▱。

● 在命令行中输入快捷命令LINE，然后按Enter键 。

3.2.2　绘制射线

射线是以一个起点为中心，向某方向无限延伸的直线。在AutoCAD中，射线常作为绘图辅助线来使用。

用户可以通过以下方法执行"射线"命令。

● 执行"绘图>射线"命令。

● 在"默认"选项卡的"绘图"面板中单击"射线"按钮▱。

● 在命令行中输入RAY，然后按Enter键。

执行"射线"命令后，先指定射线的起点，再指定通过点，即可绘制一条射线，如图3-4所示。指定射线的起点后，可在"指定通过点"提示下指定多个通过点，绘制以起点为端点的多条射线，直到按Esc 键或Enter 键退出为止，如图3-5所示。

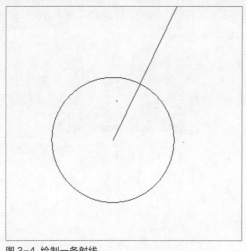

图 3-4　绘制一条射线

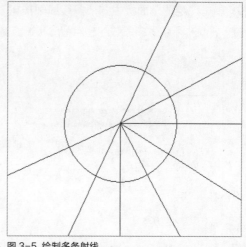

图 3-5　绘制多条射线

3.2.3　绘制构造线

构造线是无限延伸的线，也可以用来作为创建其他直线的参照，创建出水平、垂直或具有一定角度的构造线。构造线也起到辅助制图的作用。

用户可以通过以下方法执行"构造线"命令。

- 执行"绘图>构造线"命令。
- 在"默认"选项卡的"绘图"面板中单击"构造线"按钮。
- 在命令行中输入快捷命令XLINE，然后按Enter键。

3.2.4　绘制多段线

在绘制多段线时，可以随时选择下一条线的宽度、线型和定位方法，从而连续地绘制出不同属性线段的多段线。

用户可以通过以下方法执行"多段线"命令。

- 执行"绘图>多段线"命令。
- 在"默认"选项卡的"绘图"面板中单击"多段线"按钮。
- 在命令行中输入快捷命令PLINE，然后按Enter键。

执行以上任意一种操作后，命令行提示内容如下：

```
命令：_pline
指定起点：                                              （指定多段线起始点）
当前线宽为 0.0000
指定下一个点或 [圆弧(A)/半宽(H)/长度(L)/放弃(U)/宽度(W)]：      （指定下一点，直至结束）
```

命令行中各选项的含义介绍如下：

- 圆弧：以圆弧的方式绘制多段线。
- 半宽：可以指定多段线的起点和终点半宽值。
- 长度：用于定义下一段多段线的长度。
- 宽度：可以设置多段线起点和端点的宽度。

示例3-2：使用"多段线"命令，绘制箭头图形。

Step 01 单击"绘图"面板中的"多段线"按钮，在绘图区中指定多段线的起点，输入W命令并按下Enter键，根据提示输入多段线的起点宽度和端点宽度，如图3-6、3-7所示。

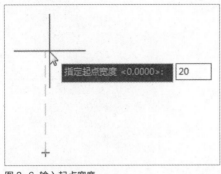

图 3-6 输入起点宽度

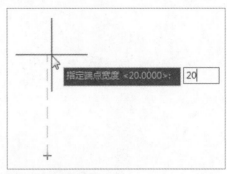

图 3-7 输入端点宽度

Step 02 按Enter键确认，再移动光标，根据命令行提示输入多段线长度（50），如图3-8所示。

Step 03 按Enter键确认，再输入W命令并按Enter键，根据提示输入多段线的起点宽度（60）和端点宽度（0），如图3-9所示。

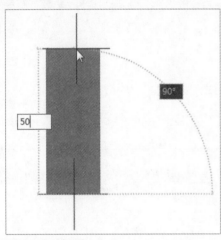

图 3-8 绘制多段线

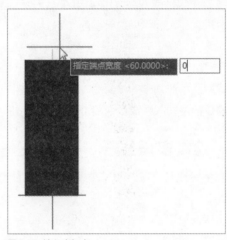

图 3-9 输入坐标点

Step 04 按Enter键确认，移动光标并输入多段线长度（60），如图3-10所示。

Step 05 再按Enter键确认，完成箭头图形的绘制，如图3-11所示。

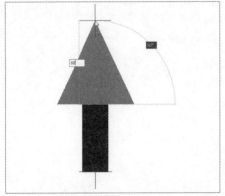

图 3-10 确定端点

图 3-11 绘制完成

3.2.5　绘制修订云线

修订云线是由连续的圆弧组成的多段线，用于在检查阶段提醒用户注意图形的某个部分。

用户可以通过以下方法执行"修订云线"命令。

- 执行"绘图>修订云线"命令。
- 在"默认"选项卡的"绘图"面板中单击"修订云线"下拉按钮 ，从中选择合适的命令。
- 在"注释"选项卡的"标记"面板中单击"修订云线"下拉按钮，从中选择合适的命令。
- 在命令行中输入REVCLOUD，然后按Enter键。

执行以上任意一种操作后，命令行提示内容如下：

```
命令：_revcloud
最小弧长：0.5　　最大弧长：0.5　　样式：普通　　类型：矩形
指定第一个角点或 ［弧长(A)/对象(O)/矩形(R)多边形(P)徒手画(F)样式(S)修改(M)］＜对象＞：
```

示例3-3：执行"修订云线"命令，绘制修订云线，如图3-12所示。

Step 01 单击"绘图"面板中的"修订云线"按钮，根据命令行提示输入A，按Enter键后，指定云线的最小弧长为300，最大弧长为500。

Step 02 在绘图区中，单击鼠标左键指定起点，沿云线路径引导十字光标绘制云线即可。

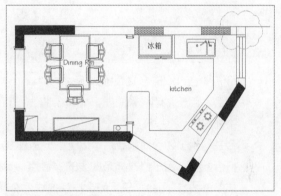

图 3-12　绘制修订云线

工程师点拨：Revcloud 命令的使用

Revcloud命令在系统注册表中存储上一次使用的圆弧长度。当程序和使用不同比例因子的图形一起使用时，用Dimscale乘以此值以保持统一。

3.2.6　绘制样条曲线

样条曲线是指通过一系列指定点的光滑曲线，来绘制不规则的曲线图形。AutoCAD中包括拟合样条曲线和控制点样条曲线两种，如图3-13、3-14所示。

用户可以通过以下方法执行"样条曲线"命令。

- 执行"绘图>样条曲线"命令。
- 在"默认"选项卡的"绘图"面板中单击"样条曲线拟合"按钮 或"样条曲线控制点"按钮 。
- 在命令行中输入快捷命令SPLINE，然后按Enter键。

执行"样条曲线"命令后，根据命令行提示，依次指定出起点、中间点和终点，即可绘制出样条曲线。

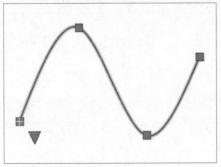

图 3-13 拟合样条曲线

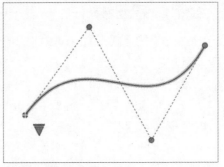

图 3-14 控制点样条曲线

待样条曲线绘制完毕之后，可对其进行修改。用户可通过以下方法可执行"编辑样条曲线"命令。

- 执行"修改>对象>样条曲线"命令。
- 在"默认"选项卡的"修改"面板中单击"编辑样条曲线"按钮 。
- 在命令行中输入SPLINEDIT，然后按Enter键。
- 双击样条曲线。

执行以上任意一种操作后，命令行提示内容如下：

```
命令：_splinedit
选择样条曲线：
输入选项 [ 闭合 (C)/ 合并 (J)/ 拟合数据 (F)/ 编辑顶点 (E)/ 转换为多段线 (P)/ 反转 (R)/ 放弃 (U)/ 退出 (X)] 〈退出〉
```

命令行中各选项的含义介绍如下：

- 闭合：用于封闭样条曲线。如样条曲线已封闭，此处显示"打开（O）"选项，用于打开封闭的样条曲线。
- 合并：用于闭合两条或两条以上的开放曲线。
- 拟合数据：用于修改样条曲线的拟合点。其中各个子选项的含义为："添加"表示将拟合点添加到样条曲线；"闭合"表示闭合样条曲线两个端点；"删除"表示删除该拟合点或节点；"扭折"表示在样条曲线上的指定位置添加节点和拟合点，这不会保持在该点的相切或曲率连续性；"移动"表示移动拟合点到新位置；"切线"表示修改样条曲线的起点和端点切向；"公差"表示使用新的公差值将样条曲线重新拟合至现有的拟合点。
- 编辑顶点：移动样条曲线的控制点，调节样条曲线形状。其中子选项的含义为："添加"用于添加顶点；"删除"用于删除顶点；"提高阶数"用于增大样条曲线的多项式阶数（阶数为4和26之间的整数）；"移动"用于重新定位选定的控制点；"权值"用于根据指定控制点的新权值重新计算样条曲线。权值越大，样条曲线越接近控制点。
- 转换为多段线：用于将样条曲线转化为多段线。
- 反转：反转样条曲线的方向，起点和终点互换。

3.2.7 创建多线样式

在绘制多线之前，用户可以设置其线条数目、对齐方式和线型等属性，以便绘制出符合要求的多线样式。用户可以通过以下方法执行"多线样式"命令。

- 执行"格式>多线样式"命令。
- 在命令行中输入MLSTYLE，然后再按Enter键。

执行"多线样式"命令后，系统将弹出"多线样式"对话框，如图3-15所示。

该对话框中各选项的含义介绍如下：

● 新建：用于新建多线样式。单击此按钮，可打开"创建新的多线样式"对话框，如图3-16所示。

● 加载：从多线文件中加载已定义的多线。单击此按钮，可打开"加载多线样式"对话框，如图3-17所示。

● 保存：用于将当前的多线样式保存到多线文件中。单击此按钮，可打开"保存多线样式"对话框，从中可对文件的保存位置与名称进行设置。

图 3-15 "多线样式"对话框

图 3-17 "加载多线样式"对话框

图 3-16 "创建新的多线样式"对话框

在"创建新的多线样式"对话框中输入样式名（如输入"大门"），然后单击"继续"按钮，即可打开"新建多线样式"对话框，在该对话框中可设置多线样式的特性，如填充颜色、多线颜色、线型等，如图3-18所示。

"新建多线样式"对话框中各选项的含义介绍如下：

● "说明"文本框：为多线样式添加说明。

● 封口：该选项组用于设置多线起点和端点处的封口样式。"直线"表示多线起点或端点处以一条直线封口；"外弧"和"内弧"选项表示起点或端点处以外圆弧或内圆弧封口；"角度"选项用于设置圆弧包角。

● 填充：该选项组用于设置多线之间内部区域的填充颜色，可以通过"选择颜色"对话框选取或配置颜色系统。

● 图元：该选项组用于显示并设置多线的平行数量、距离、颜色和线型等属性。"添加"可向其中添加新的平行线；"删除"可删除选取的平行线；"偏移"数值框用于设置平行线相对于多线中心线的偏移距离；"颜色"和"线型"选项用于设置多线显示的颜色或线型。

图 3-18 "新建多线样式"对话框

3.2.8 绘制多线

多线是一种由多条平行线组成的对象，平行线之间的间距和数目是可以设置的。用户可以通过以下方法执行"多线"命令。

- 执行"绘图>多线"命令。
- 在命令行中输入快捷命令MLINE，然后按Enter键。

执行以上任意一种操作后，命令行提示内容如下：

```
命令：_mline
当前设置：对正 = 上，比例 = 20.00，样式 = STANDARD
指定起点或 [对正(J)/比例(S)/样式(ST)]:                    (设置对正方式、比例值、样式)
```

示例3-4：使用"多线"命令，绘制户型图。

Step 01 打开"中线.dwg"素材文件，如图3-19所示。

Step 02 执行"绘图>多线"命令，根据命令行提示，选择"对正（J）>无"，再选择"比例（S）"，输入240，按Enter键即可捕捉绘制外墙线，如图3-20所示。

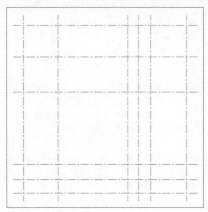

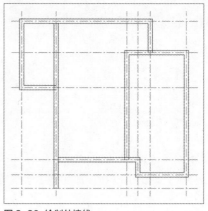

图 3-19 打开素材图形　　　　　　　　　　图 3-20 绘制外墙线

Step 03 继续执行"绘图>多线"命令，根据命令提示信息，设置"对正"为"上"，设置"比例"为"120"，捕捉绘制内墙线，如图3-21所示。

Step 04 执行"绘图>直线"命令，绘制出门窗轮廓，如图3-22所示。

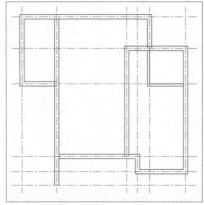

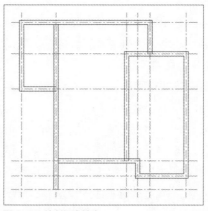

图 3-21 绘制内墙线　　　　　　　　　　图 3-22 绘制门窗轮廓

Step 05 执行"修剪"命令，修剪出门洞及窗洞，如图3-23所示。

Step 06 执行"格式>多线样式"命令，打开"多线样式"对话框，单击"新建"按钮打开"创建新的多线样式"对话框，输入样式名，如图3-24所示。

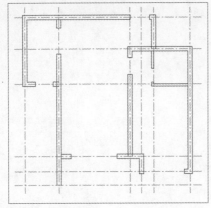

图 3-23　绘制内墙线

图 3-24　绘制门窗轮廓

Step 07 再单击"继续"按钮，打开"新建多线样式"对话框，设置多线图元参数并勾选直线的"起点""端点"复选框，如图3-25所示。

Step 08 设置完毕后关闭对话框，捕捉绘制窗户图形，如图3-26所示。

图 3-25　闭合多线

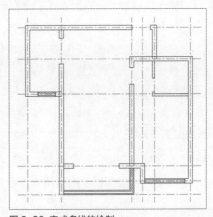

图 3-26　完成多线的绘制

Step 09 双击多线打开多线编辑工具，如图3-27所示。

图 3-27　多线编辑工具

Step 10 编辑多线，最后删除中线，完成户型图的绘制，如图 3-28所示。

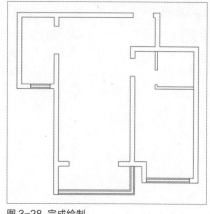

图 3-28 完成绘制

⊕ 3.3 矩形的绘制

矩形命令在AutoCAD中最常用的绘图命令之一，它是通过两个角点来定义的。用户可以通过以下方法执行"矩形"命令。

- 执行"绘图>矩形"命令。
- 在"默认"选项卡的"绘图"面板中单击"矩形"按钮▢。
- 在命令行中输入快捷命令RECTANG，然后按Enter键。

执行以上任意一种操作后，命令行提示内容如下：

```
命令： _rectang
指定第一个角点或 [倒角 (C)/ 标高 (E)/ 圆角 (F)/ 厚度 (T)/ 宽度 (W)]:C
指定另一个角点或 [面积 (A)/ 尺寸 (D)/ 旋转 (R)]:
```

3.3.1 绘制坐标矩形

执行"矩形"命令后，先指定一个角点，随后指定另外一个角点，最基本的矩形绘制完成。

执行"矩形"命令后，根据命令行提示，指定起点、矩形尺寸，即可绘制出矩形。

 工程师点拨：矩形命令

矩形命令具有继承性，即绘制矩形时，前一个命令设置的各项参数始终起作用，直至修改该参数或重新启动AutoCAD软件。

3.3.2 倒角、圆角和有宽度的矩形

执行"矩形"命令后，在命令行输入C并按Enter键，选择"倒角"选项，然后设置倒角距离，即可绘制倒角矩形，如图3-29所示。

命令行提示内容如下：

```
命令： _rectang
指定第一个角点或 [倒角 (C)/ 标高 (E)/ 圆角 (F)/ 厚度 (T)/ 宽度 (W)]: C    （输入 C，选择倒角选项，按 Enter 键）
指定矩形的第一个倒角距离 <0.0000>:                                    （设置两个倒角距离）
指定矩形的第二个倒角距离 <0.0000>:
```

若在命令行中输入F并按Enter键，选择"圆角"选项，然后设置圆角半径，即可绘制出圆角矩形，如图3-30所示。

命令行提示内容如下：

```
命令：_rectang
指定第一个角点或 [倒角(C)/标高(E)/圆角(F)/厚度(T)/宽度(W)]：F          （输入F，选择圆角选项，按Enter键）
指定矩形的圆角半径 <0.0000>：                                          （输入圆角半径值，按Enter键）
```

若在命令行中输入W并按Enter键，选择"宽度"选项，然后设置宽度值，即可绘制出带宽度的矩形，如图3-31所示。

命令行提示内容如下：

```
命令：_rectang
指定第一个角点或 [倒角(C)/标高(E)/圆角(F)/厚度(T)/宽度(W)]：W          （输入W，选择宽度选项，按Enter键）
指定矩形的线宽 <0.0000>：                                              （输入宽度值，按Enter键）
```

　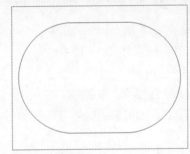　

图 3-29 倒角矩形　　　　　　　　图 3-30 圆角矩形　　　　　　　图 3-31 宽度 50 的圆角矩形

3.4　正多边形的绘制

正多边形是由多条边长相等的闭合线段组合而成的，其各边相等，各角也相等。默认情况下，正多边形的边数为4。

用户可以通过以下方法执行"多边形"命令。

- 执行"绘图>多边形"命令。
- 在"默认"选项卡的"绘图"面板中单击"多边形"按钮⬡。
- 在命令行中输入快捷命令POLYGON，然后按Enter键。

执行以上任意一种操作后，命令行提示内容如下：

```
命令：_polygon 输入侧面数 <4>：5                                       （输入多边形边数）
指定正多边形的中心点或 [边(E)]：                                        （指定多边形中心位置）
输入选项 [内接于圆(I)/外切于圆(C)] <I>：                                 （选择内接于圆或外切于圆）
指定圆的半径：                                                          （输入圆半径值）
```

根据命令提示，正多边形可以通过与虚拟的圆内接或外切的方法来绘制，也可以通过指定正多边形某一边端点的方法来绘制。

3.4.1　内接于圆

"内接于圆"方法是先确定正多边形的中心位置，然后输入内接圆的半径。所输入的半径值是多边形的中心点到多边形任意端点间的距离，整个多边形位于一个虚拟的圆中。

执行"多边形"命令后，根据命令行提示，依次指定侧面数、正多边形中心点和"内接于圆"，即可绘制出内接于圆的正六边形，如图3-32所示。

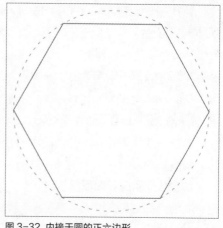

图 3-32　内接于圆的正六边形

3.4.2　外切于圆

"外切于圆"方法同"内接于圆"的方法一样，确定中心位置，输入圆的半径，但所输入的半径值为多边形的中心点到边线中点的垂直距离。

执行"多边形"命令后，根据命令行提示，依次指定侧面数、正多边形中心点和"外切于圆"，即可绘制出外切于圆的正七边形，如图3-33所示。

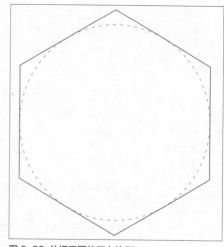

图 3-33　外切于圆的正七边形

3.4.3　边长确定正多边形

该方法是通过输入长度数值或指定两个端点来确定正多边形的一条边，来绘制正多边形。在绘图区域指定两点或在指定一点后输入边长数值，即可绘制出所需的正多边形。

执行"正多边形"命令，根据命令行提示，确定其边数，然后输入E，确定多边形两个端点即可。

命令行提示内容如下：

```
命令：_polygon 输入侧面数 <4>:                    （输入边数，按 Enter 键。默认为 4）
指定正多边形的中心点或 [边(E)]: E                   （输入 E，以指定边绘制）
指定边的第一个端点：指定边的第二个端点：          （指定多边形边线的两个端点）
```

✛ 3.5　圆和圆弧的绘制

在绘图过程中，"圆"命令也是常用命令之一。圆弧是圆的一部分。用户可以通过以下方法执行"圆"命令。

- 执行"绘图>圆"命令。
- 在"默认"选项卡的"绘图"面板中单击"圆"下拉按钮，在展开的下拉菜单中将显示6种绘制圆的按钮，从中选择合适的即可。
- 在命令行中输入快捷命令CIRCLE，然后按Enter键。

3.5.1　圆心、半径方式 ◄—————————————►

该方式是先确定圆心，然后输入半径或者直径，即可完成绘制操作，如图3-34所示。

命令行提示内容如下：

```
命令：_circle
指定圆的圆心或 [三点(3P)/两点(2P)/切点、切点、半径(T)]：
指定圆的半径或 [直径(D)]：
```

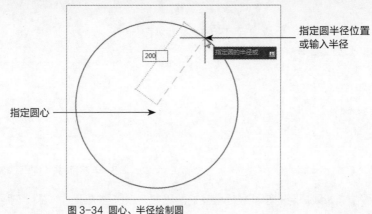

　　　　　　　　　　　　　　　　　　　　　　　　指定圆半径位置
　　　　　　　　　　　　　　　　　　　　　　　　或输入半径

指定圆心

图 3-34 圆心、半径绘制圆

3.5.2　三点方式 ◄—————————————————►

利用该方式在绘图区随意指定三点位置或者捕捉图形上的三点即可绘制圆，如图3-35所示。

命令行的提示内容如下：

```
命令：_circle
指定圆的圆心或 [三点(3P)/两点(2P)/切点、切点、半径(T)]：_3p 指定圆上的第一个点：
指定圆上的第二个点：
指定圆上的第三个点：
```

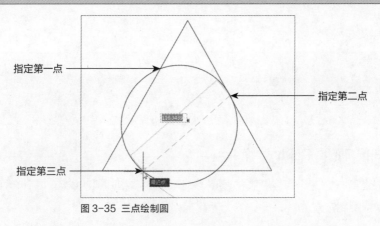

指定第一点

　　　　　　　　　　　　　　　　　　　　　　　指定第二点

指定第三点

图 3-35 三点绘制圆

3.5.3 相切、相切、半径方式

选择图形对象的两个相切点，在输入半径值即可绘制圆，如图3-36所示。

命令行提示内容如下：

```
命令：_circle
指定圆的圆心或 [三点(3P)/两点(2P)/切点、切点、半径(T)]：_ttr
指定对象与圆的第一个切点：
指定对象与圆的第二个切点：
指定圆的半径 <200.0000>：
```

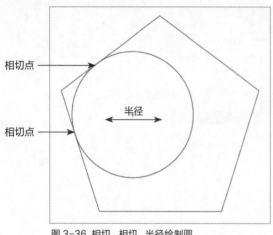

图 3-36 相切、相切、半径绘制圆

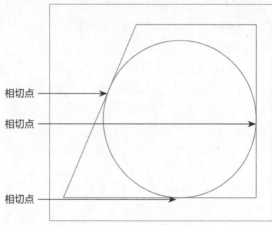

图 3-37 相切、相切、相切绘制圆

在绘制圆的过程中，如果指定的圆半径或直径的值无效，系统会提示"需要数值距离或第二点""值必须为正且非零"等信息，或提示重新输入，或者退出该命令。

 工程师点拨：相切、相切、半径命令

在使用"相切，相切，半径"命令时，需要先指定与圆相切的两个对象，系统总是在距拾取点最近的位置绘制相切的圆。拾取相切对象时，所拾取的位置不同，最后得到的结果有可能也不同。

3.5.4 相切、相切、相切方式

执行"相切，相切，相切"命令后，利用鼠标来拾取已知3个图形对象即可完成圆形的绘制，如图3-37所示。

命令行提示内容如下：

```
命令：_circle
指定圆的圆心或 [三点(3P)/两点(2P)/切点、切点、半径(T)]：_3p 指定圆上的第一个点：_tan 到
指定圆上的第二个点：_tan 到
指定圆上的第三个点：_tan 到
```

3.5.5 绘制圆弧的几种方式

绘制圆弧一般需要指定三个点，圆弧的起点、圆弧上的点和圆弧的端点。在11种绘制方式中，"三点"命令为系统默认绘制方式。

用户可以通过以下方法执行"圆弧"命令。

● 在菜单栏中单击"绘图>圆弧"命令的子命令。

● 在"默认"选项卡的"绘图"面板中单击"圆弧"下拉按钮,在展开的下拉菜单中选择合适方式即可,如图3-38所示。

下面将对"圆弧"下拉列表中的几种常用命令的功能进行详细介绍。

● 三点:通过指定三个点来创建一条圆弧曲线。第一个点为圆弧的起点,第二个点为圆弧上的点,第三个点为圆弧的端点。

● 起点、圆心、端点:指定圆弧的起点、圆心和端点进行绘制。

● 起点、圆心、角度:指定圆弧的起点、圆心和角度绘制。在输入角度值时,若当前环境设置的角度方向为逆时针方向,且输入的角度值为正,则从起始点绕圆心沿逆时针方向绘制圆弧;若输入的角度值为负,则沿顺时针方向绘制圆弧。

● 起点、圆心、长度:指定圆弧的起点、圆心和长度绘制圆弧。所指定的弦长不能超过起点到圆心距离的两倍。如果弦长的值为负值,则该值的绝对值将作为对应整圆的空缺部分圆弧的弦长。

图 3-38 绘制圆弧的命令

● 圆心、起点命令组:指定圆弧的圆心和起点后,再根据需要指定圆弧的端点,或角度或长度即可绘制。

● 连续:使用该方法绘制的圆弧将与最后一个创建的对象相切。

示例3-5:使用"圆""圆弧"等命令,绘制六角螺母。

Step 01 执行"绘图>多边形"命令,根据命令行的提示,设置多边形侧边数为6,绘制外切于圆的半径为10的正六边形,如图3-39所示。

Step 02 执行"绘图>圆"命令,根据命令行的提示指定正六边形的几何中心为圆心,拖动鼠标绘制出一个半径为10的圆形,如图3-40所示。

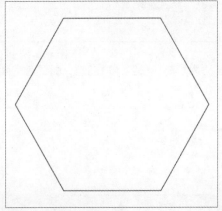

图 3-39 绘制正六边形

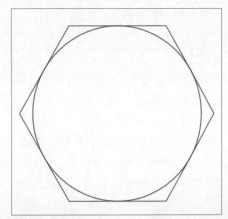

图 3-40 绘制圆形

Step 03 继续执行"绘图>圆"命令,绘制半径为5的同心圆,如图3-41所示。

Step 04 执行"绘图>圆弧>圆心,起点,端点"命令,根据命令行提示指定圆心,再拖动鼠标到圆弧的起点位置,输入圆弧半径并按Enter键以确认圆弧的起点,接着拖动鼠标指定圆弧的端点,即可绘制出一条圆弧,如图3-42所示。

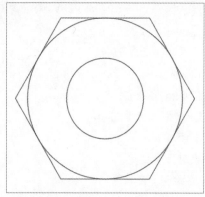

图 3-41 绘制同心圆

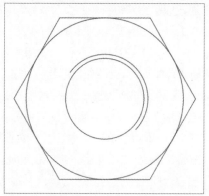

图 3-42 绘制圆弧

Step 05 开启正交功能，执行"绘图>直线"命令，绘制两条相互垂直的长28的直线，作为零件图中线，如图3-43所示。

Step 06 调整图形的颜色、线型等特性，最终效果如图3-44所示。

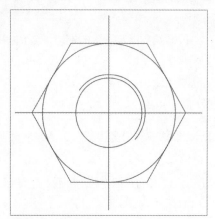

图 3-43 绘制垂直直线

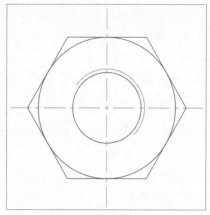

图 3-44 调整图形特性

3.5.6 圆环 ◀

圆环是由两个圆心相同、半径不同的圆组成。圆环分为填充环和实体填充圆，即带有宽度的闭合多段线。可通过以下方法执行"圆环"命令。

● 执行"绘图>圆环"命令。

● 在"默认"选项卡的"绘图"面板中单击"圆环"按钮◎。

● 在命令行输入快捷命令DONUT，然后按Enter键。

执行以上任意一种操作后，命令行提示内容如下：

```
命令：_donut
指定圆环的内径 <0.5000>:
指定圆环的外径 <1.0000>:
指定圆环的中心点或 <退出>:
指定圆环的中心点或 <退出>:
```

示例3-6：使用"圆环"命令，绘制五环图形。

Step 01 执行"圆环"命令，根据命令行的提示，设置圆环内径为100，外径为120，指定圆环中心点，完成单个圆环的绘制，如图3-45所示。

Step 02 继续指定圆环的中心点，完成五环图，如图3-46所示。

图 3-45　创建圆环　　　　　　图 3-46　绘制五环

3.6　椭圆和椭圆弧的绘制

椭圆曲线有长半轴和短半轴之分，长半轴与短半轴的值决定了椭圆曲线的形状。设置椭圆的起始角度和终止角度可以绘制椭圆弧。

用户可以通过以下方法执行"椭圆"命令。

- 执行"绘图>椭圆"命令的子命令。
- 在"默认"选项卡的"绘图"面板中单击"椭圆"下拉按钮 ⊙，在展开的下拉菜单中选择"圆心"按钮 ⊙、"轴，端点"按钮 或"椭圆弧"按钮 ⊙。
- 在命令行中输入快捷命令ELLIPSE，然后按Enter键。

3.6.1　中心点方式

中心点方式是通过指定椭圆的圆心、长半轴的端点以及短半轴的长度绘制椭圆，如图3-47所示。

命令行提示内容如下：

```
命令：_ellipse
指定椭圆的轴端点或 ［圆弧(A)/中心点(C)］：_c
指定椭圆的中心点：
指定轴的端点：
指定另一条半轴长度或 ［旋转(R)］：
```

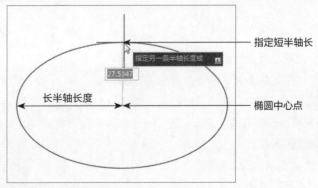

图 3-47　中心点绘制椭圆

3.6.2 轴，端点方式

该方式是在绘图区域直接指定椭圆一轴的两个端点，并输入另一条半轴的长度，即可完成椭圆弧的绘制。

命令行提示内容如下：

```
命令：_ellipse
指定椭圆的轴端点或 [圆弧(A)/中心点(C)]：
指定轴的另一个端点：
指定另一条半轴长度或 [旋转(R)]：
```

3.6.3 绘制椭圆弧

椭圆弧是椭圆的部分弧线。指定圆弧的起止角和终止角，即可绘制椭圆弧，如图3-48所示。

用户可以通过以下方法执行"椭圆弧"命令。

● 执行"绘图>椭圆弧"命令。

● 在"默认"选项卡的"绘图"面板中单击"椭圆"下拉按钮，在展开的下拉菜单中选择"椭圆弧"按钮 。

执行以上任意一种操作后，命令行提示内容如下：

```
命令：_ellipse
指定椭圆的轴端点或 [圆弧(A)/中心点(C)]：_a
指定椭圆弧的轴端点或 [中心点(C)]：
指定轴的另一个端点：
指定另一条半轴长度或 [旋转(R)]：
指定起点角度或 [参数(P)]：
指定端点角度或 [参数(P)/夹角(I)]：
```

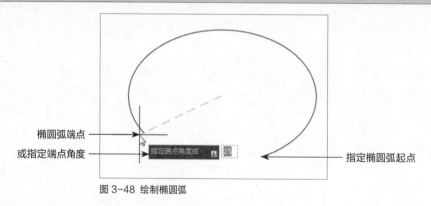

椭圆弧端点
或指定端点角度

指定椭圆弧起点

图 3-48 绘制椭圆弧

其中，命令行中部分选项功能介绍如下：

● 指定起点角度：通过给定椭圆弧的起点角度来确定椭圆弧，命令行将提示"指定端点角度或 [参数（P）/夹角（I）]："。其中，选择"指定端点角度"选项，确定椭圆弧另一端点的位置；选择"参数"选项，系统将通过参数确定椭圆弧的另一个端点的位置；选择"夹角"选项，系统将根据椭圆弧的夹角来确定椭圆弧。

● 参数：通过给定的参数来确定椭圆弧，命令行将提示"指定起点参数或 [角度（A）]："。其中，选择"角度"选项，将切换到用角度来确定椭圆弧的方式；如果输入参数，系统将使用公式

P(n)=c+a*cos(n)+b*sin(n)来计算椭圆弧的起始角。其中，n是参数，c是椭圆弧的半焦距，a和b分别是椭圆的长半轴与短半轴的轴长。

 工程师点拨：系统变量 Pellipse

系统变量Pellipse决定椭圆的类型，当该变量为0时，所绘制的椭圆是由NURBS曲线表示的真椭圆。当该变量设置为1时，所绘制的椭圆是由多段线近似表示的椭圆，调用ellipse命令后没有"圆弧"选项。

3.7　图形图案的填充

图案填充功能是使用线条或图案来填充指定的图形区域，这样可以清晰表达出指定区域的外观纹理，以增加所绘图形的可读性。

3.7.1　创建填充图案

在绘图过程中，经常要将某种特定的图案填充到一个封闭的区域内，这就是图案填充。通过下列方法可以执行"图案填充"命令。

- 执行"绘图>图案填充"命令。
- 在"默认"选项卡的"绘图"面板中单击"图案填充"按钮。
- 在命令行中输入快捷命令HATCH，然后按Enter键。

执行"图案填充"命令后，系统将自动打开"图案填充创建"选项卡，如图3-49所示。用户可以直接在该选项卡中设置图案填充的边界、图案、特性以及其他属性。

图3-49 "图案填充创建"选项卡

3.7.2　"图案填充层创建"选项卡

打开"图案填充创建"选项卡后，可根据作图需要，设置相关参数以完成填充操作。其中各面板作用介绍如下：

1."边界"面板

"边界"面板是用于选择填充的边界点或边界线段，也可以通过对边界的删除或重新创建等操作来直接改变区域填充的效果。

（1）拾取点

单击"拾取点"按钮，可根据围绕指定点构成封闭区域的现有对象来确定边界。

（2）选择

单击"选择"按钮，可根据构成封闭区域的选定对象确定边界。使用该按钮时，"图案填充"命令不会自动检测内部对象。必须选择选定边界内的对象，以按照当前孤岛检测样式填充这些对象。每次单击"选择对象"时，图案填充命令将清除上一选择集。

（3）删除

单击"删除"按钮，可以从边界定义中删除之前添加的任何对象。

（4）重新创建

单击"重现创建"按钮，可围绕选定的图案填充或填充对象创建多段线或面域，并使其与图案填充对象相关联。

2."图案"面板

该面板用于显示所有预定义和自定义图案的预览图像。在"图案"选项组中，单击其下拉按钮，在打开的下拉列表中，选择图案的类型，如图3-50所示。

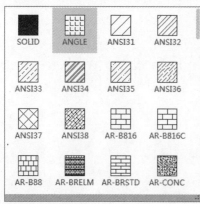

图 3-50 "图案"面板

图 3-51 "特性"面板

3."特性"面板

执行图案填充的第一步就是定义填充图案类型。在该面板中，用户可根据需要设置填充类型、填充颜色、填充角度以及填充比例等功能，如图3-51所示。

其中，常用选项的功能如下所示。

（1）图案填充类型

用于指定是创建实体填充、渐变填充、图案填充，还是创建用户定义填充。

（2）图案填充颜色或渐变色1

用于替代实体填充和填充图案的当前颜色，或指定两种渐变色中的第一种，如图3-52所示为实体填充。

（3）背景色或渐变色2

用于指定填充图案背景的颜色，或指定第二种渐变。"图案填充类型"设定为"实体"时，"渐变色 2"不可用。如图3-53所示为填充类型为渐变色，渐变色1为红色，渐变色2为黄色。

图 3-52 实体填充

图 3-53 渐变色填充

（4）填充透明度

设定新图案填充或填充的透明度，替代当前对象的透明度。选择"使用当前值"可使用当前对象的透明度设置。

（5）填充角度与比例

"图案填充角度"选项用于指定图案填充或填充的角度（相对于当前 UCS 的 X 轴）。有效值为0到359。

"填充图案比例"选项用于确定填充图案的比例值，默认比例为1。用户可以在该数值框中输入相应的比例值，来放大或缩小填充的图案。只有将"图案填充类型"设定为"图案"时，此选项才可用。

如图3-54所示为填充角度为0度，比例为20。如图3-55所示为填充角度为90度，比例为40。

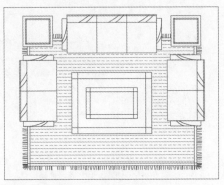

图 3-54　角度为 0，比例为 20

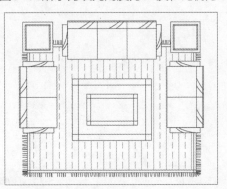

图 3-55　角度为 90，比例为 40

（6）相对图纸空间

相对于图纸空间单位缩放填充图案。使用此选项可以按适合于布局的比例显示填充图案。该选项仅适用于布局。

4."原点"面板

该面板用于控制填充图案生成的起始位置。某些图案填充（例如砖块图案）需要与图案填充边界上的一点对齐，默认情况下，所有图案填充原点都对应于当前的UCS原点。

5."选项"面板

控制几个常用的图案填充或填充选项，如选择是否自动更新图案、自动视口大小调整填充比例值，以及填充图案属性的设置等。

（1）关联

指定图案填充或填充为关联图案填充。关联的图案填充或填充在用户修改其边界对象时将会更新。

（2）注释性

指定图案填充为注释性。此特性会根据视口比例自动调整填充图案比例，从而使注释能够以正确的大小在图纸上打印或显示。

（3）特性匹配

特性匹配分为使用当前原点和使用源图案填充的原点两种。

● 使用当前原点：使用选定图案填充对象的特性设定图案填充的特性，图案填充原点除外。

● 使用源图案填充的原点：使用选定图案填充对象的特性来设定图案填充的特性，包括图案填充原点。

（4）创建独立的图案填充

控制当指定多条闭合边界时，是创建单个图案填充对象，还是创建多个图案填充对象。

（5）孤岛

孤岛填充方式属于填充方式中的高级功能。在扩展列表中，该功能分为4种类型。

- 普通孤岛检测：从外部边界向内填充。如果遇到内部孤岛，填充将关闭，直到遇到孤岛中的另一个孤岛，如图3-56所示。
- 外部孤岛检测：从外部边界向内填充。此选项仅填充指定的区域，不会影响内部孤岛，如图3-57所示。
- 忽略孤岛检测：忽略所有内部的对象，填充图案时将通过这些对象，如图3-58所示。
- 无孤岛检测：关闭以使用传统孤岛检测方法。

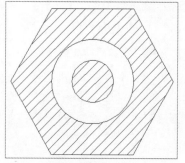

图 3-56 普通孤岛检测

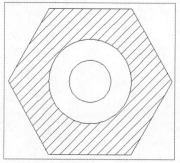

图 3-57 外部孤岛检测

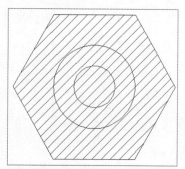

图 3-58 忽略孤岛检测

（6）绘图次序

为图案填充或填充指定绘图次序。图案填充可以放在所有其他对象之后、所有其他对象之前、图案填充边界之后或图案填充边界之前。

- 后置：选中需设置的填充图案，选择"后置"选项，即可将选中的填充图案置于其他图形后方，如图3-59所示。
- 前置：同样选择需设置的填充图案，选择"前置"选项，即可将选中的填充图案置于其他图形的前方，如图3-60所示。

图 3-59 后置示意图

图 3-60 前置示意图

- 置于边界之前：填充的图案置于边界前方，不显示图形边界线，如图3-61所示。
- 置于边界之后：填充的图案置于边界后方，显示图形边界线，如图3-62所示。

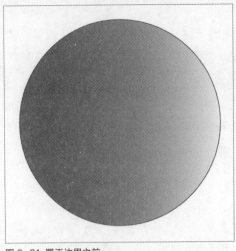

图 3-61 置于边界之前

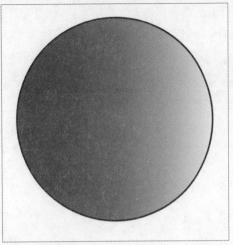

图 3-62 置于边界之后

3.7.3 编辑填充图案 ◄

填充图形后，若用户觉得效果不满意，则可通过图案填充编辑命令，以对其进行修改编辑。

用户可通过以下方法执行图案填充编辑命令。

- 执行"修改>对象>图案填充"命令。
- 在命令行中输入HATCHEDIT，然后按Enter键。

执行以上任意一种操作后，选择需要编辑的图案填充对象，都将打开"图案填充编辑"对话框，如图3-63所示。在该对话框中，用户可以修改图案、比例、角度和关联性等，但对定义填充边界和对孤岛操作的按钮不可用。

另外，也可单击需要编辑的图案填充的图形，打开"图案填充编辑器"选项卡，在此可根据需要对图案填充执行相应的编辑操作。

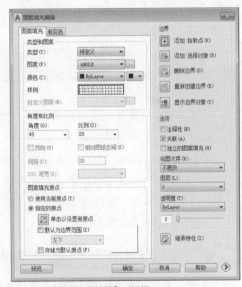

图 3-63 "图案填充编辑"对话框

 工程师点拨：编辑图案填充

选择要编辑的填充图案，在命令行中输入CH命令并按Enter键或者单击"修改>特性"命令，利用打开的"特性"面板来修改填充图案的样式等属性。

3.7.4 控制图案填充的可见性 ◄

图案填充的可见性是可以控制的。用户可以用两种方法来控制图案填充的可见性：一种是利用fill命令；另一种是利用图层。

1. 使用 FILL 命令

在命令行中输入FILL命令，然后按Enter键，此时命令行提示内容如下：

```
命令：FILL
输入模式 [ 开(ON)/ 关(OFF)] <开>：
```

此时，如果选择"开"选项，则可以显示图案填充；如果选择"关"选项，则不显示图案填充。如图3-64所示为显示图案填充，而图3-65所示为关闭显示图案填充。

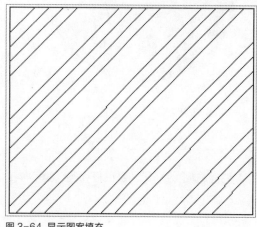

图 3-64 显示图案填充

图 3-65 关闭显示图案填充

2. 使用图层控制

利用图层功能，将图案填充单放在一个图层上。当不需要显示该图案填充时，将图案所在层关闭或者冻结即可。使用图层控制图案填充的可见性时，不同的控制方式会使图案填充与其边界的关联关系有所不同，其特点如下：

- 当图案填充所在的图层被关闭后，图案与其边界仍保持着关联关系。即修改边界后，填充图案会根据新的边界自动调整位置。
- 当图案填充所在的图层被冻结后，图案与其边界脱离关联关系。即修改边界后，填充图案不会根据新的边界自动调整位置。
- 当图案填充所在的图层被锁定后，图案与其边界脱离关联关系。即修改边界后，填充图案不会根据新的边界自动调整位置。

工程师点拨：FILL 命令

在使用FILL命令设置填充模式后，执行"视图>重生成"命令，即可重新生成图形以观察效果。

✛ 上机实践　绘制单人床图形

✛ **实践目的**	通过本实训，帮助读者掌握直线、多线、矩形、圆等命令的使用方法。
✛ **实践内容**	应用本章所学的知识绘制单人床图形。
✛ **实践步骤**	首先绘制单人床及床头柜轮廓，然后绘制枕头和被面花纹，最后绘制台灯图形，具体操作介绍如下：

Step 01 执行"矩形"命令，分别绘制尺寸为2000*1200和500*500的两个矩形，作为单人床轮廓和床头柜轮廓，如图3-66所示。

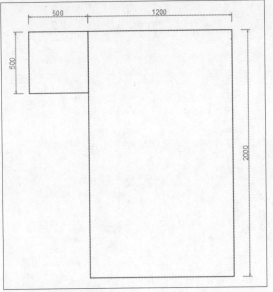

图 3-66　绘制矩形轮廓

Step 02 执行"直线"命令，随意绘制如图3-67所示的直线。

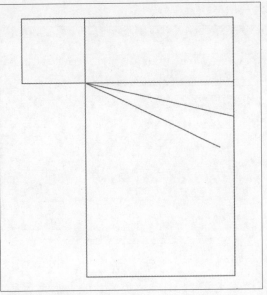

图 3-67　绘制直线

Step 03 执行"圆弧"命令，绘制一条弧线，制作出被面翻折效果，如图3-68所示。

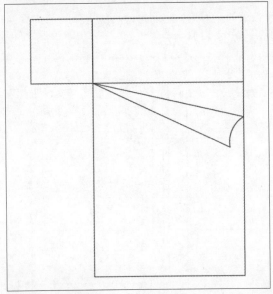

图 3-68　绘制圆弧

Step 04 继续执行"圆弧"命令，绘制一个枕头图形，如图3-69所示。

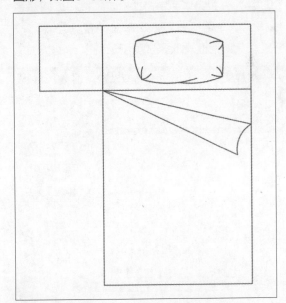

图 3-69　绘制枕头

Step 05 执行"格式>多线样式"命令,打开"多线样式"对话框,单击"新建"按钮,打开"创建新的多线样式"对话框,输入新样式名,如图3-70所示。

Step 06 单击"继续"按钮,打开"新建多线样式"对话框,从中设置多线图元参数,如图3-71所示。

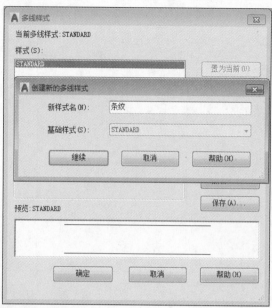

图3-70 新建多线样式

图3-71 设置参数

Step 07 设置完毕后单击"确定"按钮返回"多线样式"对话框,再依次单击"置为当前"按钮,关闭对话框,如图3-72所示。

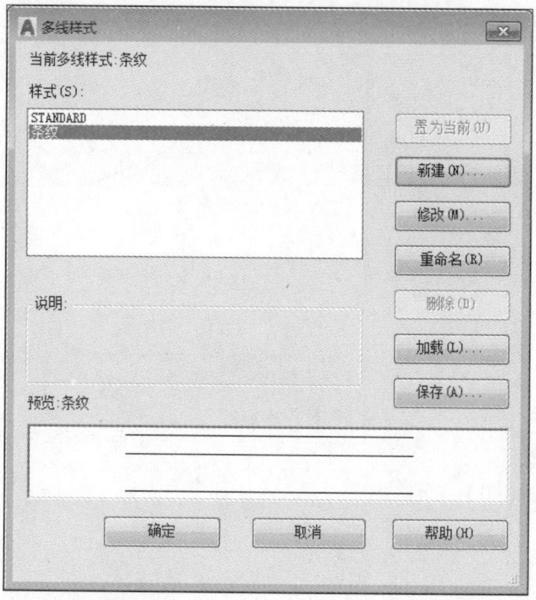

Step 08 执行"绘图>多线"命令,根据命令行提示设置对正为无,比例为1,绘制横向和竖向两条多线,如图3-73所示。

图3-72 置为当前

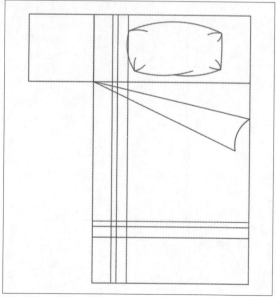

图3-73 绘制多线

Step **09** 执行"修剪"命令，修剪多余的图形，如图3-74所示。

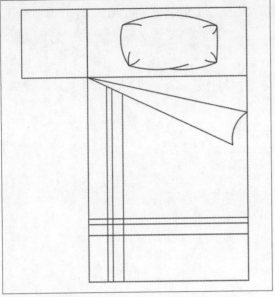

图 3-74 修剪图形

Step **11** 执行"圆"命令，绘制两个半径分别为100和120的同心圆，如图3-76所示。

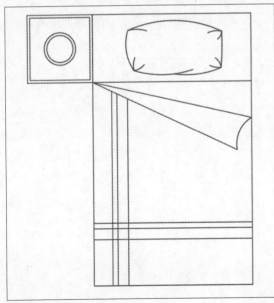

图 3-76 绘制同心圆

Step **10** 执行"偏移"命令，将单人床旁边的矩形向内偏移20，如图3-75所示。

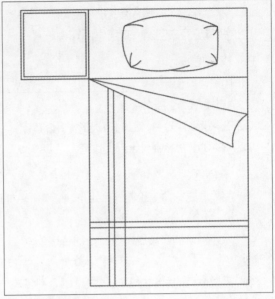

图 3-75 偏移图形

Step **12** 执行"直线"命令，绘制相互垂直的两条直线，最终完成单人床图形的绘制，如图3-77所示。

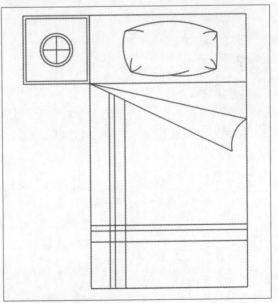

图 3-77 绘制直线

课后练习

　　本章介绍了一些简单图形的绘制方法，通过学习，用户可以掌握图形的绘制方法。下面再通过这些练习题来回顾一下所学的知识吧。

一、填空题

1、用户可以使用_____和_____两种命令绘制墙体。

2、"直线"的快捷命令是_____。

3、在AutoCAD中，绘制多边形常用的有_____和_____两种方式。

4、在AutoCAD中，绘制椭圆有_____和_____两种方式。

二、选择题

1、用"直线"命令绘制一个矩形，该矩形中有（　　）个图元实体。

　　A、1个　　　　　　　B、2个　　　　　　　C、3个　　　　　　　D、4个

2、系统默认的多段线快捷命令别名是（　　）。

　　A、p　　　　　　　　B、D　　　　　　　　C、pli　　　　　　　D、pl

3、系统默认的绘制样条曲线快捷命令别名是（　　）。

　　A、spl　　　　　　　B、xl　　　　　　　　C、ml　　　　　　　D、pl

4、圆环是填充环或实体填充圆，即带有宽度的闭合多段线，用"圆环"命令创建圆环对象时（　　）。

　　A、必须指定圆环圆心　　　　　　　　B、圆环内径必须大于0

　　C、外径必须大于内径　　　　　　　　D、运行一次圆环命令只能创建一个圆环对象

5、执行"样条曲线"命令后，下列哪个选项用来输入曲线的偏差值。值越大，曲线越远离指定的点；值越小，曲线离指定的点越近（　　）。

　　A、闭合　　　　　　B、端点切向　　　　C、拟合公差　　　　D、起点切向

三、操作题

1、利用"多边形"和"圆"命令如图3-78所示的图形。

2、利用"矩形""圆弧"等命令绘制单人椅图形，如图3-79所示。

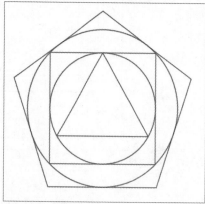

图3-78　卡座沙发

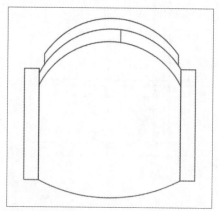

图3-79　单人椅

Chapter 04 编辑二维图形

课题概述 在绘制二维图形时，需借助图形的修改编辑功能来完成图形的绘制操作。新版AutoCAD的图形编辑功能非常完善，它提供了一系列编辑图形的工具。

教学目标 通过对本章内容的学习，读者可以熟悉并掌握绘图的编辑命令，包括镜像、旋转、阵列、偏移以及修剪等，通过综合应用这些编辑命令便可以绘制出复杂的图形。

章节重点		光盘路径
★★★★	移动、旋转、缩放、复制、偏移、阵列、镜像、倒角与圆角、修剪	**上机实践：**实例文件 \ 第 4 章 \ 上机实践：绘制法兰俯视图
★★★★	删除、拉伸、打断、延伸	**课后练习：**实例文件 \ 第 4 章 \ 课后练习
★★★☆	编辑多段线、编辑多线	
★★☆☆	夹点编辑	
★☆☆☆	图形的选择	

4.1 目标选择

在编辑图形之前，首先要对图形进行选择。在AutoCAD中，用虚线亮显以表示所选择的对象，如果选择了多个对象，那么这些对象便构成了选择集，选择集可包含单个对象，也可以包含多个对象。

在命令行中输入select命令，在命令行"选择对象"提示下输入"？"后按Enter键，根据其中的信息提示，选择相应的选项即可指定对象的选择模式。

4.1.1 设置对象的选择模式

在AutoCAD中，利用"选项"对话框可以设置对象的选择模式。用户可以通过以下方法打开"选项"对话框。

● 执行"工具>选项"命令。

● 在绘图区中右击，在弹出的快捷菜单中选择"选项"命令。

● 在命令行中输入OPTIONS，然后再按Enter键。

执行以上任意一种操作后，系统将打开"选项"对话框，在"选择集"选项卡中可进行选择模式的设置，如图4-1所示。

在"选择集模式"选项组中，其各个复选框功能介绍如下：

● 先选择后执行：该选项用于执行大多数修改命令时调换传统的次序。可以在命令提示下，先选择图形对象，然后再执行修改命令。

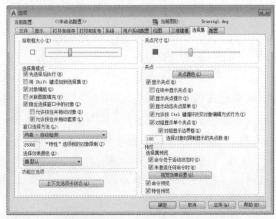

图 4-1 "选择集"选项卡

73

- 用Shift键添加到选择集：勾选该复选框，将激活一个附加选择方式，即需要按住Shift键才能添加新对象。
- 对象编组：勾选该复选框，若选择组中的任意一个对象，则该组象所在的组都将被选中。
- 关联图案填充：勾选该复选框，若选择关联填充的对象，则该组的边界对象也被选中。
- 隐含选择窗口中的对象：勾选该复选框，在图形区用鼠标拖动或者用定义对角线的方法定义出一个矩形，即可进行对象的选择。
- 允许按住并拖动对象：勾选该复选框，可以按住定点设备的拾取按钮，拖动光标确定选择窗口。

4.1.2　用拾取框选择单个实体

在命令行中输入SELECT命令，默认情况下光标将变成拾取框，之后单击选择对象，系统将检索选中的图形对象。在"隐含窗口"处于打开状态时，若拾取框没有选中图形对象，则该选择将变为窗口或交叉窗口的第一角点。选择该方法既方便又直观，但选择排列密集的对象时，此方法不宜使用。

4.1.3　图形选择的方式

在CAD软件，除了直接单击图形进行选择外，还有其他几种选择方式，常用的有窗口方式、窗交方式以及套索方式等。

1. 窗口方式选取图形

在图形窗口中选择第一个对角点，从左向右移动鼠标显示出一个实线矩形，如图4-2所示。选择第二个角点后，选取的对象为完全封闭在选择矩形中的所有对象，不在该窗口内的或者只有部分在该窗口内的对象则不被选中，按Enter键结束选择，如图4-3所示。

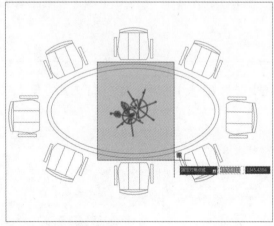

图 4-2 窗口方式选取图形

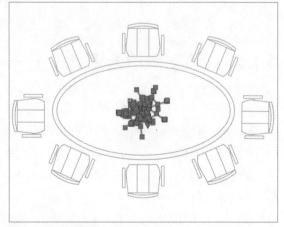

图 4-3 窗口选取效果

2. 窗交方式选取图形

在图形窗口中选择第一个对角点，从右向左移动鼠标显示一个虚线矩形，如图4-4所示。选择第二角点后，全部位于窗口内或与窗口边界相交的对象都将被选中，按Enter键结束选择，如图4-5所示。

在窗交模式下并不是只能从右向左拖动矩形来选择，可在命令行中输入SELECT命令，按Enter键，然后输入"？"并按Enter键，根据命令行的提示选择"窗交（C）"选项，此时也可以从左向右进行窗交选取图形对象。

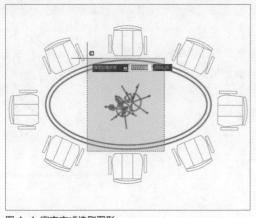

图 4-4　窗交方式选取图形

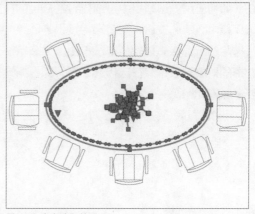

图 4-5　窗交选取效果

3. 套索选取图形

在绘图区进行套索选择对象时，也是单击鼠标左键进行选择，如图4-6所示。但是套索选择不释放鼠标左键，可以任意选择所需的对象，如图4-7所示。使用套索选择时，用户可以按空格键在"窗口""窗交"和"栏选"对象选择模式之间切换。

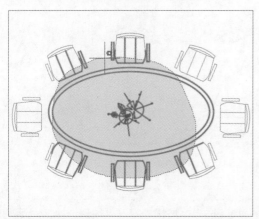

图 4-6　套索选取图形

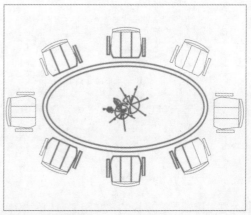

图 4-7　套索选取效果

　工程师点拨：窗口方式和窗交方式

CAD中对这两种选取方式有非常明显的提示，首先窗口框选的边界是实线，窗交框选的边界是虚线；窗口框选为蓝色，窗交选框为绿色。

4.1.4　快速选择图形对象

当需要选择大量具有某些共同特性的对象时，可通过在"快速选择"对话框中进行相应的设置，根据图形对象的图层、颜色、图案填充等特性和类型来创建选择集。

用户可以通过以下方法执行"快速选择"命令。

● 执行"工具>快速选择"命令。

● 在"默认"选项卡的"实用工具"面板中单击"快速选择"按钮。

● 在命令行中输入QSELECT，然后按Enter键。

执行以上任意一种操作后，将打开"快速选择"对话框，如图4-8所示。

AutoCAD 2020 中文版基础教程

在"如何应用"选项组中可选择特性应用的范围。若选择"包含在新选择集中"单选按钮，则表示将按设定的条件创建新选择集；若选中"排除在新选择集之外"单选按钮，则表示将按设定条件选择对象，选择的对象将被排除在选择集之外，即根据这些对象之外的其他对象创建选择集。

示例4-1：利用"快速选择"对话框，快速选择图纸中所有文字。

图 4-8 "快速选择"对话框

Step 01 打开"实例4-1.dwg"素材文件，如图4-9所示。

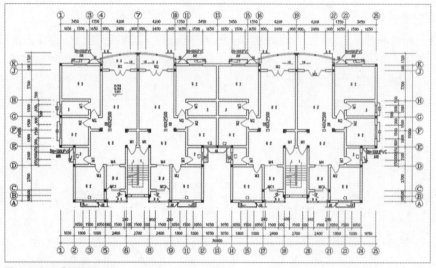

图 4-9 打开素材图形

Step 02 在"默认"选项板的"实用工具"面板中单击"快速选择"按钮，打开"快速选择"对话框，在"对象类型"下拉列表中选择"文字"选项，如图4-10所示。

Step 03 在"特性"列表框中，选择"颜色"选项，在"值"列表中选择"蓝色"，如图4-11所示。

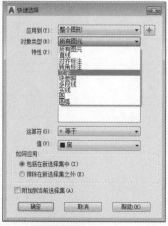

图 4-10 选择对象类型

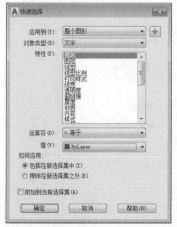

图 4-11 选择对象特性

Step 04 单击"确定"按钮，可选中图形中所有蓝色的文字，如图4-12所示。

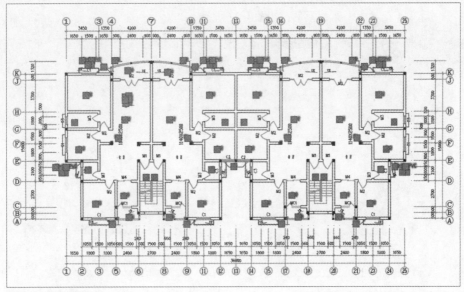

图 4-12　快速选择结果

4.2　删除图形

在绘制图形时，经常需要删除一些辅助或错误的图形。用户可以通过以下方法执行"删除"命令。

- 执行"修改>删除"命令。
- 在"默认"选项卡的"修改"面板中单击"删除"按钮。
- 在命令行中输入快捷命令ERASE，然后按Enter键。

> **工程师点拨：Oops 命令的使用**
>
> 在命令行中输入oops命令，可以启动恢复删除命令，但只能恢复最后一次利用"删除"命令删除的对象。

4.3　移动图形

移动图形对象是指在不改变对象的方向和大小的情况下，将其从当前位置移动到新的位置。

用户可以通过以下方法执行"移动"命令。

- 执行"修改>移动"命令。
- 在"默认"选项卡的"修改"面板中单击"移动"按钮。
- 在命令行中输入快捷命令MOVE，然后按Enter键。

执行以上任意一种操作后，命令行提示内容如下：

```
命令：_move
选择对象：找到 1 个
选择对象：
指定基点或 [位移(D)] <位移>：                                （指定移动基点）
指定第二个点或 <使用第一个点作为位移>：                        （指定目标点）
```

示例4-2：使用"移动"命令，移动花瓶图形。

Step 01 打开"示例4-2.dwg"素材图形，如图4-13所示。

Step 02 执行"修改>移动"命令，根据提示选择对象，按Enter键后再指定基点位置，如图4-14所示。

图 4-13 素材图形

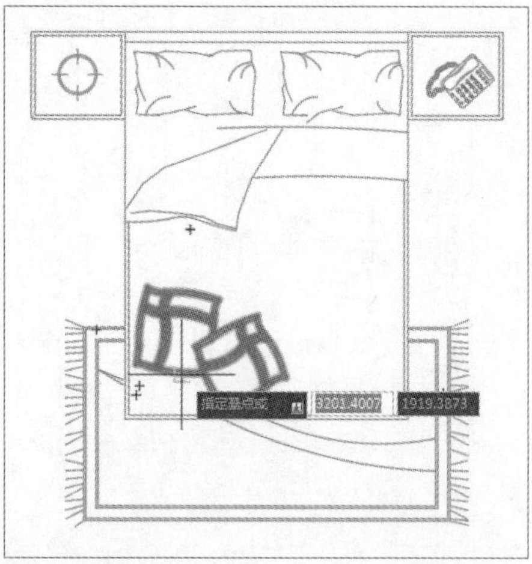

图 4-14 指定基点

Step 03 接着移动鼠标指定第二点位置（或者直接输入移动距离），如图4-15所示。

Step 04 指定位置后单击鼠标（输入移动距离后按Enter键），即可完成移动操作，如图4-16所示。

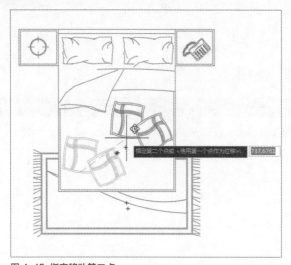
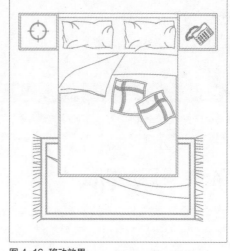

图 4-15 指定移动第二点

图 4-16 移动效果

4.4 旋转图形

旋转图形是将图形以指定的角度绕基点进行旋转。用户可以通过以下方法执行"旋转"命令。

● 执行"修改>旋转"命令。

● 在"默认"选项卡的"修改"面板中单击"旋转"按钮。

● 在命令行中输入快捷命令ROTATE，然后按Enter键。

执行以上任意一种操作后，命令行提示内容如下：

```
命令：_rotate
UCS 当前的正角方向：  ANGDIR=逆时针  ANGBASE=0
选择对象：找到 1 个
选择对象：
指定基点：
指定旋转角度，或 [ 复制(C)/ 参照(R)] <0>：                          （输入旋转角度）
```

示例4-3：使用"旋转"命令，旋转椅子图形。

Step 01 打开"示例4-3.dwg"素材图形，如图4-17所示。

Step 02 执行"修改>旋转"命令，根据提示选择旋转对象，然后按Enter键后再指定基点位置，如图4-18所示。

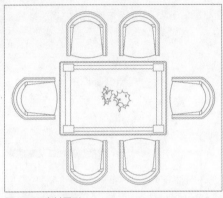

图 4-17 素材图形

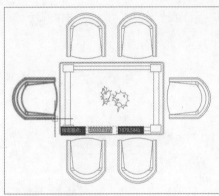

图 4-18 指定旋转基点

Step 03 接着移动鼠标指定旋转角度（或者直接输入旋转角度），如图4-19所示。

Step 04 指定角度后单击鼠标（输入旋转角度后按Enter键）即可完成旋转操作，如图4-20所示。

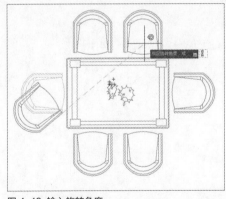

图 4-19 输入旋转角度

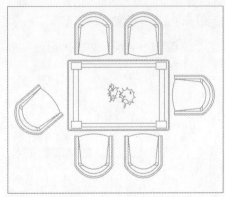

图 4-20 旋转效果

4.5　缩放图形

比例缩放是将选择的对象按照一定的比例来进行放大或缩小。用户可以通过以下方法执行"缩放"命令。

● 执行"修改>缩放"命令。

● 在"默认"选项卡的"修改"面板中单击"缩放"按钮📐。

● 在命令行中输入快捷命令SCALE，然后按Enter键。

执行以上任意一种操作后，命令行提示内容如下：

```
命令：_scale
选择对象：找到 1 个
选择对象：
指定基点：
指定比例因子或 [复制(C)/参照(R)]:                                    （输入比例）
```

示例4-4：使用"缩放"命令，缩放花瓶图形。

Step 01 打开"示例4-4.dwg"素材图形，如图4-21所示。

Step 02 执行"修改>缩放"命令，根据提示选择缩放对象，按Enter键后再指定缩放基点位置，如图4-22所示。

图 4-21 素材图形

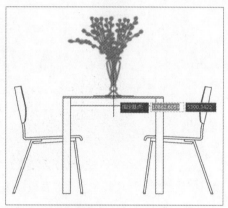

图 4-22 指定缩放基点

Step 03 接着移动鼠标指定缩放比例，如图4-23所示。

Step 04 指定比例后单击鼠标（或按Enter键）即可完成旋转操作，如图4-24所示。

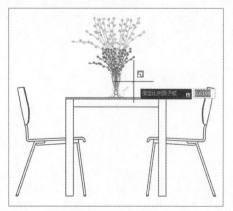

图 4-23 指定缩放比例

图 4-24 缩放效果

4.6　复制图形

复制对象是将原对象保留，移动原对象的副本图形，复制后的对象将继承原对象的属性。用户可以通过以下方法执行"复制"命令。

- 执行"修改>复制"命令。
- 在"默认"选项卡的"修改"面板中单击"复制"按钮⊡。
- 在命令行中输入快捷命令COPY，然后按Enter键。

执行以上任意一种操作后，命令行提示内容如下：

```
命令：_copy
选择对象：找到 1 个
选择对象：
当前设置：复制模式 = 多个
指定基点或 [位移(D)/模式(O)] <位移>：                              （指定基点）
指定第二个点或 [阵列(A)] <使用第一个点作为位移>：                  （指定第二点）
```

示例4-5：利用"复制"命令复制凳子图形。

Step 01 执行"修改>复制"命令，选择要进行复制的凳子图形，如图4-25所示。

Step 02 按Enter键后，指定一点作为复制基点，如图4-26所示。

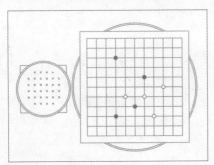

图 4-25 素材图形

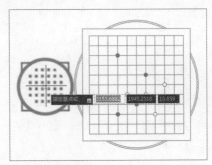

图 4-26 指定基点

Step 03 再移动鼠标指定复制的目标点，效果如图4-27所示。

Step 04 陆续指定第三点、第四点，再按Enter键，即可完成凳子图形的复制，如图4-28所示。

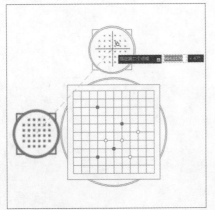

图 4-27 指定第二点

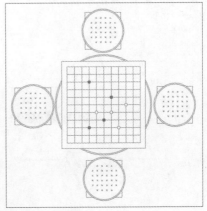

图 4-28 复制效果

4.7 偏移图形

偏移是对选择的对象进行偏移，偏移后的对象与原来对象具有相同的形状。用户可以通过以下方法执行"偏移"命令。

- 执行"修改>偏移"命令。
- 在"默认"选项卡中单击"修改"面板中的"偏移"按钮⊑。
- 在命令行中输入快捷命令OFFSET，然后按Enter键。

执行以上任意一种操作后，命令行提示内容如下：

```
命令：_offset
当前设置：删除源=否　图层=源　OFFSETGAPTYPE=0
指定偏移距离或 ［通过(T)/删除(E)/图层(L)］〈通过〉：50                            （输入偏移距离）
选择要偏移的对象，或［退出(E)/放弃(U)］〈退出〉：
指定要偏移的那一侧上的点，或［退出(E)/多个(M)/放弃(U)］〈退出〉：
选择要偏移的对象，或［退出(E)/放弃(U)］〈退出〉：
```

示例4-6：使用"偏移"命令，对六角星进行偏移操作。

Step 01 打开"示例4-6.dwg"素材文件，如图4-29所示。

Step 02 执行"修改>偏移"命令，根据提示设置偏移距离50，如图4-30所示。

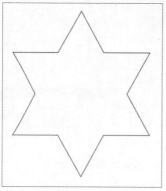

图 4-29 素材图形

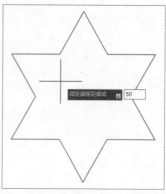

图 4-30 设置偏移距离

Step 03 按Enter键后选择偏移对象星图形，再移动鼠到要偏移的那一侧，单击鼠标即可完成偏移操作，如图4-31、4-32所示。

图 4-31 指定偏移方向

图 4-32 偏移效果

工程师点拨：偏移复制圆、圆弧、椭圆

对圆弧进行偏移复制后，新圆弧与旧圆弧有同样的包含角，但新圆弧的长度发生了改变。当对圆或圆弧进行偏移复制后，新圆半径和新椭圆轴长会发生变化，圆心不会改变。

4.8 阵列图形

"阵列"命令是一种有规则的复制命令，其阵列图形的方式包括矩形阵列、路径阵列和环形阵列3种方式。

4.8.1 矩形阵列图形

矩形阵列是按任意行、列和层级组合分布对象副本。用户可以通过以下方法来执行"矩形阵列"命令。

● 执行"修改>阵列>矩形阵列"命令。

● 在"默认"选项卡的"修改"面板中单击"矩形阵列"按钮▦。

● 在命令行中输入ARRAYRECT，然后按Enter键。

执行以上任意一种操作后，命令行提示内容如下：

```
命令：_arrayrect
选择对象：找到 1 个
选择对象：                                              （选择阵列复制对象）
类型 = 矩形   关联 = 是
选择夹点以编辑阵列或 [关联(AS)/基点(B)/计数(COU)/间距(S)/列数(COL)/行数(R)/层数(L)/退出(X)] ＜退
出＞：                                            （设置行数、列数等参数）
```

执行"矩形阵列"命令后，系统将自动将生成3行4列的矩形阵列，其中，"阵列创建"选项卡中，可以对该阵列的参数进行设置，如图4-33所示。

图 4-33 "阵列创建"选项卡

示例4-7：使用"矩形阵列"命令，绘制中式窗格。

Step 01 执行"矩形"命令，绘制尺寸为830*1170的矩形，如图4-34所示。

Step 02 执行"修改>偏移"命令，设置偏移尺寸为60，将矩形向外侧进行偏移操作，如图4-35所示。

图 4-34 绘制矩形　　　　　　图 4-35 偏移图形

Step 03 再执行"矩形"命令，绘制尺寸为150*150、倒角长度为20的倒角矩形，并将倒角矩形对齐到左上角，如图4-36所示。

Step 04 执行"修改>阵列>矩形阵列"命令，根据提示选择倒角矩形，再按Enter键进入"阵列创建"选项卡，设置行数、列数以及介于值，如图4-37所示。

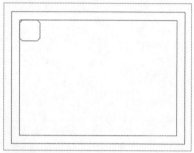

图 4-36 绘制倒角矩形

图 4-37 设置阵列参数

Step 05 设置完毕后，在"阵列创建"选项卡中单击"关闭阵列"按钮，即可完成矩形阵列操作，如图4-38所示。

Step 06 执行"直线"命令，绘制窗框角线，即可完成窗格的绘制，如图4-39所示。

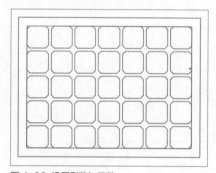

图 4-38 设置列数与行数

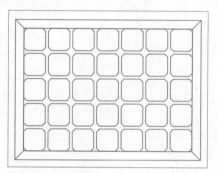

图 4-39 最终阵列效果

4.8.2 路径阵列图形

路径阵列是沿整个路径或部分路径平均分布对象的副本，路径可以是曲线、弧线、折线等所有开放型线段。通过以下方法可以执行环形阵列命令。

- 执行"修改>阵列>路径阵列"命令。
- 在"默认"选项卡的"修改"面板中单击"路径阵列"按钮。
- 在命令行中输入ARRAYPATH，然后按Enter键。

执行以上任意一种操作后，命令行提示内容如下：

```
命令：_arraypath
选择对象：找到 1 个
选择对象：
类型 = 路径  关联 = 是
选择路径曲线：
选择夹点以编辑阵列或 [关联(AS)/方法(M)/基点(B)/切向(T)/项目(I)/行(R)/层(L)/对齐项目(A)/z 方向(Z)/
退出(X)]〈退出〉：
```

4.8.3　环形阵列图形

环形阵列是绕某个中心点或旋转轴形成的环形图案平均分布对象副本。通过以下方法可以执行"环形阵列"命令。

- 执行"修改>阵列>环形阵列"命令。
- 在"默认"选项卡的"修改"面板中单击"环形阵列"按钮。
- 在命令行中输入ARRAYPOLAR，然后按Enter键。

执行以上任意一种操作后，命令行提示内容如下：

```
命令：_arraypolar
选择对象：找到 1 个
选择对象：
类型 = 极轴　关联 = 是
指定阵列的中心点或 [基点(B)/旋转轴(A)]:
选择夹点以编辑阵列或 [关联(AS)/基点(B)/项目(I)/项目间角度(A)/填充角度(F)/行(ROW)/层(L)/旋转项目(ROT)/
退出(X)] <退出>:
```

示例4-8：使用"环形阵列"命令，对餐椅对象进行阵列复制。

Step 01 打开"示例4-8.dwg"素材图形，执行"修改>阵列>环形阵列"命令，根据命令行的提示，选择餐椅图形对象，如图4-40所示。

Step 02 按Enter键确认后再选择阵列的中心点，这里选择圆心作为阵列中心，如图4-41所示。

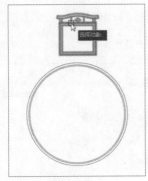

图4-40　选择对象

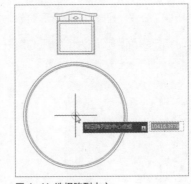

图4-41　选择阵列中心

Step 03 指定阵列中心后进入"阵列创建"选项卡，设置项目数为8，如图4-42所示。

Step 04 在"阵列创建"选项卡中单击"关闭阵列"按钮即可完成环形阵列操作，效果如图4-43所示。

| 注释 | 参数化 | 视图 | 管理 | 输出 | 附加模块 | 协作 | 精选应用 | 阵列创建 |

项目数：	8	行数：	1	级别：	
介于：	45	介于：	780.7876	介于：	
填充：	360	总计：	780.7876	总计：	
项目		行 ▼			

图4-42　设置阵列参数

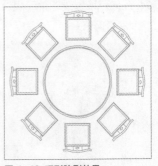

图4-43　环形阵列效果

工程师点拨：巧妙填充角度正负值

默认情况下，填充角度若为正值，表示将沿逆时针方向环形阵列对象，若为负值则表示将沿顺时针方向环形阵列对象。

4.9 镜像图形

"镜像"命令可以按指定的镜像线翻转对象，创建出对称的镜像图像，该功能经常用于绘制对称图形。用户可以通过以下方法执行"镜像"命令。

● 执行"修改>镜像"命令。

● 在"默认"选项卡的"修改"面板中单击"镜像"按钮⚠。

● 在命令行中输入快捷命令MIRROR，然后按Enter键。

执行以上任意一种操作后，命令行提示内容如下：

```
命令：_mirror
选择对象：找到 1 个
选择对象：
指定镜像线的第一点：
指定镜像线的第二点：
要删除源对象吗？[ 是 (Y)/ 否 (N)] ＜否＞：                                    （选择是否删除源对象）
```

示例4-9：使用"镜像"命令，对椅子图形进行镜像操作。

Step 01 执行"修改>镜像"命令，选择椅子图形对象，如图4-44所示。

Step 02 按Enter键后，指定桌面中心点为镜像线的第一点，如图4-45所示。

图 4-44 选择对象

图 4-45 指定镜像线第一点

Step 03 接着指定镜像线的第二点，此时可以看到追踪的镜像图像，如图4-46所示。

Step 04 在确定镜像线的第二点后，会提示"要删除源对象吗？"选项，选择"否"选项后即完成镜像操作，如图4-47所示。

图 4-46 指定镜像线第二点

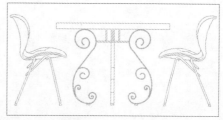
图 4-47 镜像效果

4.10 图形的倒角与圆角

图形的倒角与圆角操作主要是用来对图形进行修饰。倒角是将相邻的两条直角边进行倒角，而圆角则是通过指定的半径圆弧来进行倒角，如图4-48、4-49所示。

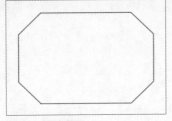

图 4-48 倒角效果

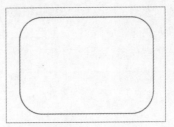

图 4-49 圆角效果

4.10.1 倒角

倒角是对图形的相邻的两条边进行修饰，既可以修剪多余的线段还可以设置图形中两条边的倒角距离和角度。用户可以通过以下方法执行"倒角"命令。

● 执行"修改>倒角"命令。

● 在"默认"选项卡的"修改"面板中单击"倒角"按钮。

● 在命令行中输入快捷命令CHAMFER，然后按Enter键。

执行以上任意一种操作后，命令行提示内容如下：

```
命令：_chamfer
（"修剪"模式）当前倒角距离 1 = 0.0000，距离 2 = 0.0000                （输入倒角距离）
选择第一条直线或［放弃(U)/多段线(P)/距离(D)/角度(A)/修剪(T)/方式(E)/多个(M)]:
选择第二条直线，或按住 Shift 键选择直线以应用角点或［距离(D)/角度(A)/方法(M)]:
```

 工程师点拨：正确设置倒角

倒角时，如果倒角距离设置太大或距离角度无效，系统将会给出提示。因两条直线平行或发散造成不能倒角，系统也会提示。对相交两边进行倒角且倒角后修建倒角边时，AutoCAD总会保留选择倒角对象时所选取的那一部分。将两个倒角距离均设为0，则利用"倒角"命令可延伸两条直线使它们相交。

4.10.2 圆角

圆角是指通过指定的圆弧半径大小可以将多边形的边界棱角部分光滑连接起来，是倒角的一部分表现形式。用户可以通过以下方法执行"圆角"命令。

● 执行"修改>圆角"命令。

● 在"默认"选项卡的"修改"面板中单击"圆角"按钮。

● 在命令行中输入快捷命令FILLET，然后按Enter键。

执行以上任意一种操作后，命令行提示内容如下：

```
命令：_fillet
当前设置：模式 = 修剪，半径 = 0.0000                              （输入圆角半径值）
选择第一个对象或［放弃(U)/多段线(P)/半径(R)/修剪(T)/多个(M)]:
选择第二个对象，或按住 Shift 键选择对象以应用角点或［半径(R)]:
```

4.11 修剪图形

"修剪"命令可对超出图形边界的线段进行修剪。用户可以通过以下方法执行"修剪"命令。

● 执行"修改>修剪"命令。

● 在"默认"选项卡的"修改"面板中单击"修剪"按钮。

● 在命令行中输入快捷命令TRIM，然后按Enter键。

执行以上任意一种操作后，命令行提示内容如下：

```
命令：_trim
当前设置：投影=UCS，边=无
选择剪切边...
选择对象或＜全部选择＞：找到 1 个                          （选择参考边界）
选择对象：
选择要修剪的对象或按住 Shift 键选择要延伸的对象，或者
[栏选(F)/窗交(C)/投影(P)/边(E)/删除(R)]:
选择要修剪的对象，或按住 Shift 键选择要延伸的对象，或
[栏选(F)/窗交(C)/投影(P)/边(E)/删除(R)/放弃(U)]:
```

示例4-10：使用"修剪"命令，对图形对象进行修剪。

Step 01 打开"示例4-10.dwg"素材文件，执行"修改>修剪"命令，根据命令行提示选择边界，如图4-50所示。

Step 02 按Enter键后再选择要修剪的对象，如图4-51所示。

Step 03 选择完成后按Enter键确定，即可完成修剪操作，最终效果如图4-52所示。

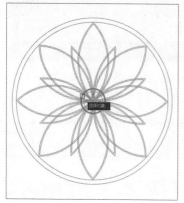

图4-50 选择边界

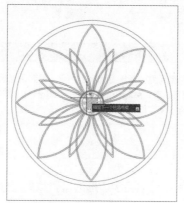

图4-51 选择要剪切的对象

图4-52 最终效果

4.12 拉伸图形

"拉伸"命令用于拉伸窗交窗口部分包围的对象。移动完全包含在窗交窗口中的对象或单独选定的对象。其中，圆、椭圆和块无法拉伸。

用户可以通过以下方法执行"拉伸"命令。

● 执行"修改>拉伸"命令。

● 在"默认"选项卡的"修改"面板中单击"拉伸"按钮。

● 在命令行中输入快捷命令STRETCH，然后按Enter键。

执行以上任意一种操作后，命令行提示内容如下：

```
命令：_stretch
以交叉窗口或交叉多边形选择要拉伸的对象 ...
选择对象：指定对角点：找到 1 个                    （窗交选择要拉伸对象的拉伸部位）
选择对象：
指定基点或 ［位移(D)］〈位移〉：
指定第二个点或 〈使用第一个点作为位移〉：              （指定目标点或输入拉伸距离）
```

工程师点拨：STRETCH 命令

在使用STRETCH命令时，AutoCAD只能识别最新的窗交窗口选择集，以前的选择集将被忽略。

4.13　打断图形

打断图形指的是删除图形上的某一部分或将图形分成两部分。用户可以通过以下方法执行"打断"命令。

● 在菜单栏中单击"修改>打断"命令。

● 单击"常用>修改>打断"命令🔲。

● 在命令行中输入快捷命令BREAK。

执行以上任意一种操作后，命令行提示内容如下：

```
命令：_break
选择对象：                                   （选择对象以确定第一个断点）
指定第二个打断点 或 ［第一点(F)］：              （指定第二个打断点）
```

其中，命令行中各选项含义介绍如下：

● 指定第二个打断点：确定第二个断点，即选择对象时的拾取点为第一断点，在此基础上确定第二断点。

● 第一点：用于重新确定第一个断点。

工程师点拨：应用拾取方式

如果在此直接通过拾取方式确定对象上的另一点，系统将删除对象上位于所确定两点之间的那部分对象删除。如果输入@并按Enter键，系统将在选择对象时的拾取点处将对象一分为二。如果在对象的一端之外确定一点，系统将删除位于确定两点之间的那一段对象。

工程师点拨："打断"命令的使用技巧

如果对圆执行"打断"命令，系统将沿逆时针方向将圆从第一个打断点到第二个打断点之间的那段圆弧删除。

4.14　延伸图形

"延伸"命令是将指定的图形对象延伸到指定的边界。通过下列方法可执行"延伸"命令。

- 执行"修改>延伸"命令。
- 在"默认"选项卡的"修改"面板中单击"延伸"按钮┤。
- 在命令行中输入快捷命令EXTEND，然后按Enter键。

执行以上任意一种操作后，命令行提示内容如下：

```
命令：_extend
当前设置：投影 =UCS，边 = 无
选择边界的边 ...
选择对象或〈全部选择〉： 找到 1 个                                    （选择延伸边界）
选择对象：
选择要延伸的对象或按住 Shift 键选择要修剪的对象，或者
[ 栏选 (F)/ 窗交 (C)/ 投影 (P)/ 边 (E)]：
```

示例4-11：使用"延伸"命令，对拼花图形进行延伸操作。

Step 01 打开"示例4-11.dwg"素材文件，如图4-53所示。

Step 02 执行"修改>延伸"命令，根据提示选择图形延伸边界线，如图4-54所示。

图 4-53 素材图形

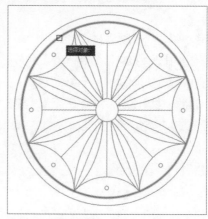

图 4-54 选择延伸边界

Step 03 选择完成后按Enter键，再根据提示选择要延伸的对象，如图4-55所示。

Step 04 再次按Enter键完成延伸，最终效果如图4-56所示。

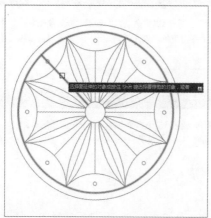

图 4-55 素材图形

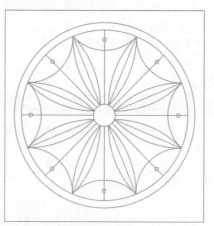

图 4-56 选择延伸边界

工程师点拨：能够做为边界边的对象

在AutoCAD 2020中，允许用直线、圆弧、圆、椭圆或是椭圆弧、多段线、样条曲线、构造线、射线以及文字等对象作为边界边。

4.15 编辑多段线

多段线绘制完毕之后，用户可对多段线进行相应的编辑操作。通过下列方法可编辑多段线。

- 执行"修改>对象>多段线"命令。
- 在"默认"选项卡的"修改"面板中单击"编辑多段线"按钮。
- 在命令行中输入快捷命令PEDIT，然后按Enter键。

执行以上任意一种操作后，命令行提示内容如下：

```
命令：_pedit
选择多段线或 [多条(M)]：
输入选项 [闭合(C)/合并(J)/宽度(W)/编辑顶点(E)/拟合(F)/样条曲线(S)/非曲线化(D)/线型生成(L)/反转(R)/
放弃(U)]：
```

其中，命令行中部分选项含义介绍如下：

- 合并：只用于二维多段线，该选项可把其他圆弧、直线、多段线连接到已有的多段线上，不过连接端点必须精确重合。
- 宽度：只用于二维多段线，指定多段线宽度。当输入新宽度值后，先前生成的宽度不同的多段线都统一使用该宽度值。
- 编辑顶点：用于提供一组子选项，是用户能够编辑顶点和与顶点相邻的线段。
- 拟合：用于创建圆弧拟合多段线（即由圆弧连接每对定点），该曲线将通过多段线的所有顶点并使用指定的切线方向。
- 样条曲线：可生成由多段线顶点控制的样条曲线，所生成的多段线并不一定通过这些顶点，样条类型分辨率由系统变量控制。
- 非曲线化：用于取消拟合或样条曲线，回到初始状态。
- 线型生成：可控制非连续线型多段线顶点处的线型。如"线性生成"为关，在多段线顶点处将采用连续线型，否则在多段线顶点处将采用多段线自身的非连续线型。
- 反转：用于反转多段线。

4.16 编辑多线

利用"多线"命令绘制的图形对象不一定满足绘图要求，这时就需要对其进行编辑。用户可以通过添加或删除顶点，并且控制角点接头的显示来编辑多线，还可以通过编辑多线样式来改变单个直线元素的属性，或改变多线的末端封口和背景填充。

通过下列方法可编辑多线。

- 执行"修改>对象>多线"命令。
- 在命令行中输入快捷命令MLEDIT，然后按Enter键。
- 双击多线图形对象。

使用"多线"绘制图形时，其线段难免会有交叉、重叠的现象，此时用只需利用"多线编辑工具"功能，即可将线段进行修改编辑。

执行"修改>对象>多线"命令，弹出"多线编辑工具"对话框，该对话框提供了12个编辑多线的选项，如图4-57所示。利用这些选项可以对十字型、T字形及有拐角和顶点的多线进行编辑，还可以截断和连接多线。

其中，有7个选项用于编辑多线交点，其功能介绍如下：

● 十字闭合：在两条多线间创建一个十字闭合的交点。选择的第一条多线将被剪切。
● 十字打开：在两条多线间创建一个十字打开的交点。如果选择的第一条多线的元素超过两个，则内部元素也被剪切。
● 十字合并：在两个多线间创建一个十字合并的交点。与所选的多线的顺序无关。
● T形闭合：在两条多线间创建一个T形闭合交点。
● T形打开：在两条多线间创建一个T形打开交点。
● T形合并：在两条多线间创建一个T形合并交点。
● 角点结合：在两条多线间创建一个角点结合，修剪或拉伸第一条多线，与第二条多线相交。

示例4-12：使用"多线编辑"功能对户型图墙体进行编辑。

图 4-57 "多线编辑工具"对话框

Step 01 打开"示例4-12.dwg"素材文件，如图4-58所示。

Step 02 执行"修改>对象>多线"命令，打开"多线编辑工具"对话框，选择"T形合并"按钮，如图4-59所示。

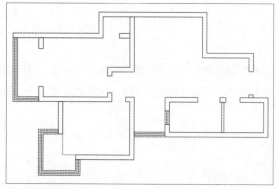

图 4-58 素材图形

图 4-59 选择"T形合并"按钮

Step 03 在绘图区中，根据提示选择要编辑的第一条多线，如图4-60所示。

Step 04 接着选择要编辑的第二条多线，如图4-61所示。

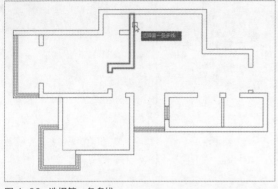

图 4-60　选择第一条多线

图 4-61　选择第二条多线

Step 05 按Enter键确认可以看到编辑后的多线效果，如图4-62所示。

Step 06 照此方法对其他位置的墙体多线进行编辑，完成本次操作，如图4-63所示。

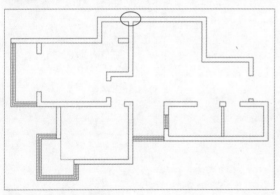

图 4-62　T形合并效果

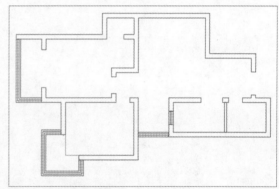

图 4-63　编辑其他墙体多线

4.17　夹点编辑

夹点就是图形对象上的控制点，是一种集成的编辑模式。使用AutoCAD的夹点功能，可以对图形对象进行拉伸、移动、复制、缩放以及旋转等操作。

使用夹点功能编辑对象的操作步骤如下：选择要编辑的对象，此时在该对象上将会出现若干小方格，这些小方格称为对象的特征点。将光标移到希望设置为基点的特征点上，单击鼠标，该特征点会以默认红色显示，表示其为基点。在基点上单击鼠标右键，在弹出的快捷菜单中可以对图形进行各种编辑操作，如图4-64所示。

1. 拉伸对象

默认情况下激活夹点后，单击激活点，释放鼠标，即可对夹点进行拉伸。

2. 移动对象

可以将图形对象从当前位置移动到新的位置，也可以进行多次复制。选择要移动的图形对象，进入夹点选择状态，按Enter键即可进入移动编辑模式。

3. 复制对象

可以将图形对象基于基点进行复制操作。选择要复制的图形对象，将鼠标指针移动到夹点上，按Enter键，即可进入复制编辑模式。

4. 缩放对象

可以将图形对象相对于基点缩放，同时也可以进行多次复制。选择要缩放的图形对象，进入夹点选择状态，连续3次按Enter键，即可进入缩放编辑模式。

5. 旋转对象

可以将图形对象绕基点进行旋转，还可以进行多次旋转复制。选择要旋转的图形对象，进入夹点选择状态，连续2次按Enter键，即可进入旋转编辑模式。

图 4-64　夹点右键菜单

⌖ 上机实践　绘制法兰俯视图

⌖ 实践目的	通过练习本实训，帮助读者掌握编辑命令的使用方法。
⌖ 实践内容	应用本章所学的知识绘制法兰俯视图。
⌖ 实践步骤	首先绘制轴线，然后绘制圆，利用偏移命令偏移圆图形，再绘制小圆，随后进行环形阵列复制，其具体操作过程介绍如下：

Step 01 单击"图层特性"按钮，打开"图层特性管理器"，新建"轴线"及"粗线"图层，并对其图层颜色、线型、线宽进行设置，结果如图4-65所示。

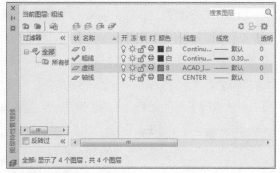

图 4-65　创建图层

Step 02 双击"轴线"图层，将其设置为当前图层。执行"绘图>直线"命令，绘制两条长160且相互垂直的直线，如图4-66所示。

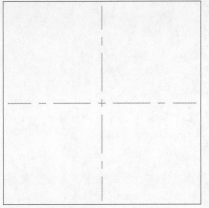

图 4-66　绘制垂直直线

Step 03 双击"粗线"图层将其设置为当前图层。执行"圆"命令，捕捉直线交点绘制半径为60的圆，如图4-67所示。

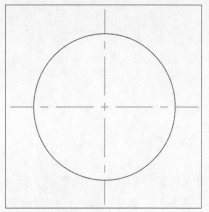

图 4-67　绘制圆

Step 04 执行"修改>偏移"命令，分别设置偏移距离为5、35，将圆向内依次进行偏移，如图4-68所示。

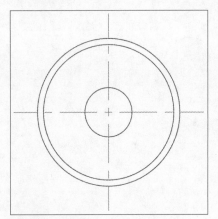

图 4-68　偏移图形

Step 05 选择半径为55的圆，将其移动到"轴线"图层，效果如图4-69所示。

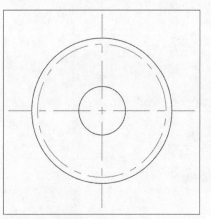

图 4-69　调整图层

Step 06 执行"绘图>圆"命令，捕捉右侧轴线交点绘制出半径分别为15和10的同心圆，如图4-70所示。

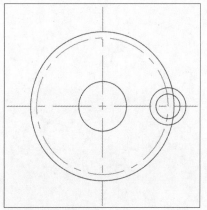

图 4-70　绘制同心圆

Step 07 执行"修改>修剪"命令，修剪并删除轴线图形，如图4-71所示。

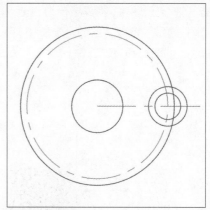

图4-71 修剪图形

Step 08 选择同心圆和剩余的半截轴线，执行"修改>阵列>环形阵列"命令，指定大圆圆心为阵列中心，设置阵列数目为3，阵列效果如图4-72所示。

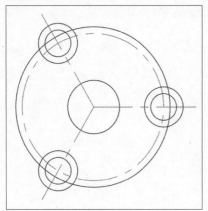

图4-72 环形阵列复制

Step 09 选择阵列图形，在命令行输入快捷键x并按回车键，将图形分解，再执行"修改>修剪"命令，并修剪图形，制作出法兰俯视图，如图4-73所示。

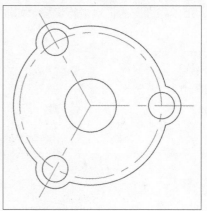

图4-73 修剪图形

课后练习

图形编辑是AutoCAD绘制图形中必不可少的一部分。下面再通过一些练习题来温习本章所学的知识点，如阵列、旋转、偏移、镜像等。

一、填空题

1、使用_____快捷命令可以打开"选项"对话框。

2、"阵列"命令包括_____、_____、_____三种类型。

3、使用_____命令可以按指定的镜像线翻转对象，创建出对称的镜像图像。

二、选择题

1、在CAD中要创建矩形阵列，必须指定（　　　）。

　　A、行数、项目数、单元大小　　　　　B、项目数、项目间距

　　C、行数、列数及单元大小　　　　　　D、以上都不是

2、使用"旋转"命令旋转对象时，（　　　）。

　　A、必须指定旋转角度　　　　　　　　B、必须指定旋转基点

　　C、必须使用参考方式　　　　　　　　D、可以在三维空间旋转对象

3、使用"延伸"命令进行对象延伸时，（　　　）。

　　A、必须在二维空间中延伸　　　　　　B、可以在三维空间中延伸

　　C、可以延伸封闭线框　　　　　　　　D、可以延伸文字对象

4、使用"拉伸"命令拉伸对象时，不能（　　　）。

　　A、把圆拉伸为椭圆　　　　　　　　　B、把正方形拉伸成长方形

　　C、移动对象特殊点　　　　　　　　　D、整体移动对象

5、以下不能应用"修剪"命令进行修剪的是（　　　）。

　　A、圆弧　　　　　　B、圆　　　　　　C、多段线　　　　　D、文字

三、操作题

1、利用"偏移""修剪"命令绘制沙发造型，利用"矩形""偏移"命令绘制茶几，然后利用"镜像"命令镜像复制沙发图形，如图4-74所示。

2、绘制如图4-75所示的机械零件图形。首先利用"圆""偏移"命令绘制三个同心圆，捕捉圆心绘制16边形，绘制连接直线，最后使用"修剪"命令，对图形进行修剪操作。

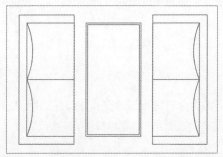

图 4-74　沙发组合

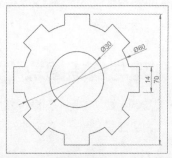

图 4-75　绘制机械零件

Chapter

05

图块及设计中心

课题概述 在绘制图形时，可以将重复绘制的图形创建成块然后插入到图形中，还可以把已有的图形文件以参照的形式插入到当前图形中（即外部参照），利用设计中心也可插入所需内容。

教学目标 通过对本章内容的学习，用户可以熟悉并掌握块的创建与编辑、块属性的设置、外部参照以及设计中心的应用。

╬ 章节重点	╬ 光盘路径
★★★★ │ 创建块、插入块	**上机实践：** 实例文件 \ 第 5 章 \ 上机实践：绘制方向
★★★☆ │ 存储块	指示符
★★☆☆ │ 编辑与管理块属性	**课后练习：** 实例文件 \ 第 5 章 \ 课后练习
★☆☆☆ │ 设计中心的使用	

╬ 5.1 图块的概念和特点

　　块是一个或多个对象形成的对象集合，常用于绘制复杂、重复的图形。当生成块时，可以把处于不同图层上的具有不同颜色、线型和线宽的对象定义为块，使块中的对象仍保持原来的图层和特性信息。

　　在AutoCAD中，使用图块具有如下特点。

- 提高绘图速度：在绘制图形时，常常要绘制一些重复出现的图形。将这些图形创建成图块，当再次需要绘制它们时就可以用插入块的方法实现，即把绘图变成了拼图，从而把大量重复的工作简化，提高绘图速度。

- 节省存储空间：保存图中每一个对象的相关信息时，如对象的类型、位置、图层、线型及颜色等，这些信息要占用存储空间。如果一幅图中包含有大量相同的图形，就会占据较大的磁盘空间。但如果把相同的图形定义成一个块，绘制它们时就可以直接把块插入到图中的相应位置。

- 便于修改图形：建筑工程图纸往往需要多次修改。比如，在建筑设计中要修改标高符号的尺寸，如果要一一修改每一个标高符号，既费时又不方便。但如果原来的标高符号是通过插入块的方法绘制，那么只要简单地对块进行再定义，就可对图中的所有标高进行修改。

- 可以添加属性：很多块还要求有文字信息以进一步解释其用途。此外，还可以从图中提取这些信息并将它们传送数据库中。

╬ 5.2 创建与编辑图块

　　创建块首先要绘制组成块的图形对象，然后用块命令对其实施定义，这样在以后的工作中便可以重复使用该块了。因为块在图中是一个独立的对象，所以编辑块之前要将其进行分解。

5.2.1 创建块 ◄───►

　　内部图块是跟随定义它的图形文件一起保存的，存储在图形文件内部，因此只能在当前图形文件中调用，而不能在其他图形中调用。

用户可以通过以下方法来创建图块：

● 执行"绘图>块>创建"命令。

● 在"默认"选项卡的"块"面板中单击"创建"按钮。

● 在"插入"选项卡的"块定义"面板中单击"创建块"按钮。

● 在命令行中输入快捷命令BLOCK，然后按Enter键。

执行以上任意一种操作后，即可打开"块定义"对话框，如图5-1所示。在该对话框中进行相关的设置，即可将图形对象创建成块。

该对话框中一些主要选项的含义介绍如下：

● 基点：该选项区中的选项用于指定图块的
插入基点。系统默认图块的插入基点值为
（0,0,0），用户可直接在X、Y和Z数值框
中输入坐标相对应的数值，也可以单击
"拾取点"按钮，切换到绘图区中的指定
基点。

● 对象：该选项区中的选项用于指定新块中
要包含的对象，以及创建块之后如何处理
这些对象，是保留还是删除选定的对象，
或者是将它们转换成块实例。

图 5-1 "块定义"对话框

● 方式：该选项区中的选项用于设置插入后的图块是否允许被分解、是否统一比例缩放等。

● 在块编辑器中打开：选中该复选框，当创建图块后，进行块编辑器窗口中进"参数""参数集"等
选项的设置。

示例5-1：创建花瓶图块。

Step 01 打开"示例5-1.dwg"素材图形，执行"绘图>块>创建"命令，打开"块定义"对话框，在对
话框中单击"选择对象"按钮，如图5-2所示。

Step 02 在绘图窗口中选择所要创建的图块对象，如图5-3所示。

图 5-2 单击"选择对象"按钮

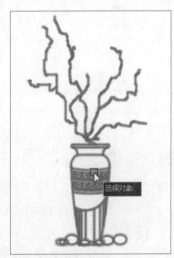

图 5-3 选取对象

99

Step 03 按Enter键返回至"块定义"对话框，然后单击"拾取点"按钮，如图5-4所示。

Step 04 在绘图窗口中，指定图形的一点做为块的基点，如图5-5所示。

图 5-4 单击"拾取点"按钮

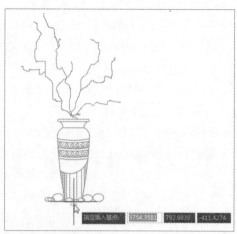

图 5-5 指定基点

Step 05 单击确定后，即可返回到对话框，输入块名称，如图5-6所示。

Step 06 单击"确定"按钮关闭对话框，完成图块的创建，选择创建好的图块并将鼠标放置在图块上，会看到"块参照"的提示，如图5-7所示。

图 5-6 输入块名称

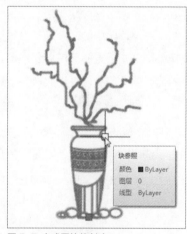

图 5-7 完成图块的创建

 工程师点拨："块定义"对话框

在"插入"选项卡的"块定义"面板中单击"创建块"按钮，即可打开"块定义"对话框。

5.2.2 存储块

存储图块是将块、对象或者某些图形文件保存到独立的图形文件中，又称为外部块。在AutoCAD 2020中，使用"写块"命令，可以将文件中的块作为单独的对象保存为一个新文件，被保存的新文件可以被其他对象使用。

用户可以通过以下方法执行"写块"命令：

- 在"插入"选项卡的"块定义"面板中单击"创建快"
  下拉菜单中单击"写块"按钮 。
- 在命令行中输入快捷命令WBLOCK，然后按Enter键。

执行以上任意一种操作后，即可打开"写块"对话框，如图5-8所示。在该对话框中可以设置组成块的对象来源，其主要选项的含义介绍如下：

图5-8 "写块"对话框

- 块：将创建好的块写入磁盘。
- 整个图形：将全部图形写入图块。
- 对象：指定需要写入磁盘的块对象，用户可根据需要使用"基点"选项组设置块的插入基点位置；使用"对象"选项组设置组成块的对象。

此外，在该对话框的"目标"选项组中，用户可以指定文件的新名称和新位置以及插入块时所用的测量单位。

 工程师点拨：外部图块与内部图块的区别

外部图块与内部图块的区别是创建的图块作为独立文件保存，可以插入到任何图形中去，并可以对图块进行打开和编辑。

5.2.3　插入块

当图形被定义为块后，可使用"插入"命令直接将图块插入到图形中。插入块时可以一次插入一个，也可一次插入呈矩形阵列排列的多个块参照。

用户可以通过以下方法执行块的"插入"命令。

- 在"默认"选项卡的"块"面板中单击"插入"按钮 。
- 在"插入"选项卡的"块选项板"面板中单击"插入"按钮 。
- 执行"插入>块选项板"命令。
- 在命令行中输入快捷命令BLOCKSPALETTE，然后按Enter键。

执行以上任意一种操作后，即可打开"块"选项板，用户可以通过"当前图形""最近使用""其他图形"三个选项卡访问图块，如图5-9所示。

- "当前图形"选项卡：该选项卡将当前图形中的所有块定义显示为图标或列表。
- "最近使用"选项卡：该选项卡显示所有最近插入的块，而不管当前图形为何。选项卡中的图块可以删除。
- "其他图形"选项卡：该选项卡提供了一种导航到文件夹的方法（也可以从其中选择图形以作为块插入或从这些图形中定义的块中进行选择）。

选项卡顶部包含多个控件，包括图块名称过滤器以及"缩略图大小和列表样式"选项等。选项卡底部则是"插入选项"参数设置面板，包括插入点、插入比例、旋转角度、重复放置、分解选项。

图5-9 "块"选项板

5.3 编辑与管理块属性

块的属性是块的组成部分，是包含在块定义中的文字对象，在定义块之前，要先定义该块的每个属性，然后将属性和图形一起定义成块。

5.3.1 块属性的特点

用户可以图形绘制完成后（甚至在绘制完成前），调用ATTEXT命令将块属性数据从图形中提取出来，并将这些数据写入到一个文件中，这样就可以从图形数据库文件中获取数据信息来。

属性块具有如下特点：

- 块属性由属性标记名和属性值两部分组成。如可以把Name定义为属性标记名，而具体的姓名Mat就是属性值，即属性。

- 定义块前，应先定义该块的每个属性，即规定每个属性的标记名、属性提示、属性默认值、属性的显示格式（可见或不可见）及属性在图中的位置等。一旦定义了属性，该属性以其标记名将在图中显示出来，并保存有关的信息。

- 定义块时，应将图形对象和表示属性定义的属性标记名一起用来定义块对象。

- 插入有属性的块时，系统将提示用户输入需要的属性值。插入块后，属性用它的值表示。因此，同一个块在不同点插入时，可以有不同的属性值。如果属性值在属性定义时规定为常量，系统将不再询问它的属性值。

- 插入块后，用户可以改变属性的显示可见性，对属性作修改，把属性单独提取出来写入文件，以统计、制表使用，还可以与其他高级语言或数据库进行数据通信。

5.3.2 创建并使用带有属性的块

属性块是由图形对象和属性对象组成。对块增加属性，就是使块中的指定内容可以变化。要创建一个块属性，用户可以使用"定义属性"命令，先建立一个属性定义来描述属性特征，包括标记、提示符、属性值、文本格式、位置以及可选模式等。

用户可以通过以下方法执行"定义属性"命令。

- 执行"绘图>块>定义属性"命令。
- 在"默认"选项卡的"块"面板中单击"定义属性"按钮 。
- 在"插入"选项卡的"块定义"面板中单击"定义属性"按钮 。
- 在命令行中输入ATTDEF，然后按Enter键。

执行以上任意一种操作后，系统将自动打开"属性定义"对话框，如图5-10所示。该对话框中各选项的含义介绍如下：

1. 模式

"模式"选项组用于在图形中插入块时，设定与块关联的属性值选项。

- 不可见：指定插入块时不显示或打印属性值。
- 固定：在插入块时赋予属性固定值。勾选该复

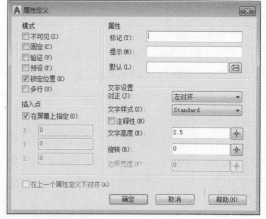

图5-10 "属性定义"对话框

选框，插入块时属性值不发生变化。

- 验证：插入块时提示验证属性值是否正确。勾选该复选框，插入块时系统将提示用户验证所输入的属性值是否正确。
- 预设：插入包含预设属性值的块时，将属性设定为默认值。勾选该复选框，插入块时，系统将把"默认"文本框中输入的默认值自动设置为实际属性值，不再要求用户输入新值。
- 锁定位置：锁定块参照中属性的位置。解锁后，属性可以相对于使用夹点编辑的块的其他部分移动，并且可以调整多行文字属性的大小。
- 多行：指定属性值可以包含多行文字。选定此选项后，可以指定属性的边界宽度。

2. 属性

"属性"选项组用于设定属性数据。

- 标记：标识图形中每次出现的属性。
- 提示：指定在插入包含该属性定义的块时显示的提示。如果不输入提示，属性标记将用作提示。如果在"模式"选项组选择"固定"模式，"提示"选项将不可用。
- 默认：指定默认属性值。单击后面的"插入字段"按钮，显示"字段"对话框，可以插入一个字段作为属性的全部或部分值；选定"多行"模式后，显示"多行编辑器"按钮，单击此按钮将弹出具有"文字格式"工具栏和标尺的在位文字编辑器。

3. 插入点

"插入点"选项组用于指定属性位置。输入坐标值或者勾选"在屏幕上指定"复选框，并使用定点设备根据与属性关联的对象指定属性的位置。

4. 文字设置

"文字设置"选项组用于设定属性文字的对正、样式、高度和旋转。

- 对正：用于设置属性文字相对于参照点的排列方式。
- 文字样式：指定属性文字的预定义样式。显示当前加载的文字样式。
- 注释性：指定属性为注释性。如果块是注释性的，则属性将与块的方向相匹配。
- 文字高度：指定属性文字的高度。
- 旋转：指定属性文字的旋转角度。
- 边界宽度：换行至下一行前，指定多行文字属性中一行文字的最大长度。此选项不适用于单行文字属性。

5. 在上一个属性定义下对齐

该选项用于将属性标记直接置于之前定义的属性的下面。如果之前没有创建属性定义，则此选项不可用。

5.3.3　块属性管理器

当图块中包含属性定义时，属性将作为一种特殊的文本对象也一同被插入。此时即可使用"块属性管理器"工具编辑之前定义的块属性，然后使用"增强属性管理器"工具将属性标记赋予新值，使之符合相似图形对象的设置要求。

1. 块属性管理器

当编辑图形文件中多个图块的属性定义时，可以使用块属性管理器重新设置属性定义的构成、文字特性和图形特性等属性。

　　在"插入"选项卡的"块定义"面板中单击"管理属性"按钮，将打开"块属性管理器"对话框，如图5-11所示。

　　在该对话框中各选项含义介绍如下：

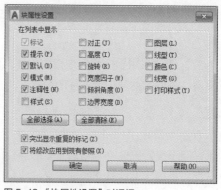

图 5-11 "块属性管理器"对话框

- 块：列出具有属性的当前图形中的所有块定义。选择要修改属性的块。
- 属性列表：显示所选块中每个属性的特性。
- 同步：更新具有当前定义的属性特性的选定块的全部实例。
- 上移：在提示序列的早期阶段移动选定的属性标签。选定固定属性时，"上移"按钮不可用。
- 下移：在提示序列的后期阶段移动选定的属性标签。选定常量属性时，"下移"按钮不可使用。
- 编辑：可打开"编辑属性"对话框，从中可以修改属性特性，如图5-12所示。
- 删除：从块定义中删除选定的属性。
- 设置：打开"块属性设置"对话框，从中可以自定义"块属性管理器"中属性信息的列出方式，如图5-13所示。

图 5-12 "编辑属性"对话框

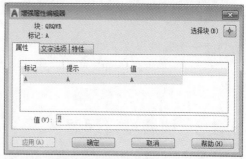

图 5-13 "块属性设置"对话框

2. 增强属性编辑器

　　增强属性编辑器功能主要用于编辑块中定义的标记和值属性，与块属性管理器设置方法基本相同。

　　在"插入"选项卡的"块"面板中单击"编辑属性"下拉按钮，在展开的下拉列表中单击"单个"按钮，然后选择属性块，或者直接双击属性块，都将打开"增强属性编辑器"对话框，如图5-14所示。

　　在该对话框中可指定属性块标记，在"值"文本框为属性块标记赋予值。此外，还可以分别利用"文字选项"和"特性"选项卡设置图块不同的文字格式和特性，如更改文字的格式、文字的图层、线宽以及颜色等属性。

图 5-14 "增强属性编辑器"对话框

 工程师点拨："块属性管理器"对话框

在"默认"选项卡的"块"面板中单击"创建块"按钮，即可打开"块属性管理器"对话框。

✚ 5.4 设计中心的使用

通过AutoCAD设计中心用户可以访问图形、块、图案填充及其他图形内容，可以将原图形中的任何内容拖动到当前图形中使用。还可以在图形之间复制、粘贴对象属性，以避免重复操作。

5.4.1 "设计中心"选项板 ←

"设计中心"选项板用于浏览、查找、预览以及插入内容，包括块、图案填充和外部参照。

用户可以通过以下方法打开如图5-15所示的选项板。

图 5-15 "设计中心"选项板

- 执行"工具>选项板>设计中心"命令。
- 在"视图"选项卡的"选项板"面板中单击"设计中心"按钮。
- 按Ctrl+2组合键。

从上图5-15中可以看到，设计中心选项板主要由工具栏、选项卡、内容窗口、树状视图窗口、预览窗口和说明窗口6个部分组成。

1. 工具栏

工具栏控制着树状图和内容区中信息的显示。各选项作用如下：

- 加载：显示"加载"对话框（标准文件选择对话框）。使用"加载"浏览本地和网络驱动器或 Web 上的文件，然后选择内容加载到内容区域。
- 上一级：单击该按钮，将会在内容窗口或树状视图中显示上一级内容、内容类型、内容源、文件夹、驱动器等内容。
- 搜索：在"搜索"对话框中可以快速查找诸如图形、块、图层及尺寸样式等图形内容。
- 主页：将设计中心返回到默认文件夹。可以使用树状图中的快捷菜单更改默认文件夹。
- 树状图切换：显示和隐藏树状视图。若绘图区域需要更多的空间，则可以隐藏树状图。树状图隐藏后，可以使用内容区域浏览容器并加载内容。在树状图中使用"历史记录"列表时，"树状图切换"按钮不可用。
- 预览：显示和隐藏内容区域窗格中选定项目的预览。
- 说明：显示和隐藏内容区域窗格中选定项目的文字说明。
- 视图：右拉菜单可以选择显示的视图类型。

2. 选项卡

设计中心共有3个选项卡组成，分别为"文件夹""打开的图形"和"历史记录"。

- 文件夹：该选项卡可方便地浏览本地磁盘或局域网中所有的文件夹、图形和项目内容。
- 打开的图形：该选项卡显示了所有打开的图形，以便查看或复制图形内容。
- 历史记录：该选项卡主要用于显示最近编辑过的图形名称及目录。

5.4.2 插入设计中心内容

通过AutoCAD 2020设计中心，可以很方便地在当前图形中插入图块、引用图像和外部参照，及在图形之间复制图层、图块、线型、文字样式、标注样式和用户定义等内容。

打开"设计中心"对话框，在"文件夹列表"中，查找文件的保存目录，并在内容区域选择需要插入为块的图形，右击鼠标，在打开的快捷菜单中选择"插入为块"命令，如图5-16所示。打开"插入"对话框，从中进行相应的设置，单击"确定"按钮即可，如图5-17所示。

图 5-16 选择"插入为块"命令

图 5-17 "插入"对话框

✧ 上机实践 | 绘制方向指示符

- **实践目的** 通过本实训练习利用块的属性功能绘制一个方向指示符。
- **实践内容** 应用本章所学的知识绘制方向指示符。
- **实践步骤** 首先打开所需的户型图文件，然后用"插入"命令或设计中心选项板在图形中插入图块。

Step 01 执行"矩形"命令，绘制尺寸为200*200的矩形，如图5-18所示。

Step 02 执行"绘图>圆"命令，捕捉矩形的几何中心绘制一个圆，如图5-19所示。

图 5-18 绘制矩形

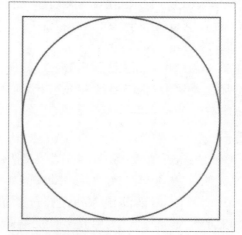

图 5-19 绘制圆形

Step 03 执行"绘图>直线"命令，捕捉矩形对角绘制对角线，如图5-20所示。

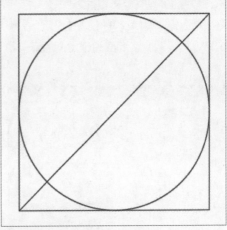

图 5-20 绘制对角直线

Step 04 执行"修改>修剪"命令，修剪图形，如图5-21所示。

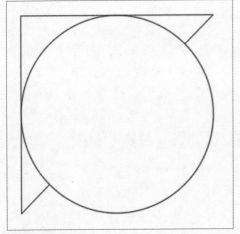

图 5-21 修剪图形

Step 06 执行"修改>旋转"命令，选择图形并旋转-45°，如5-23所示。

Step 05 执行"绘图>图案填充"命令，选择实体图案SOLID进行填充，如图5-22所示。

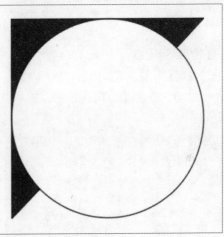

图 5-22 填充图案

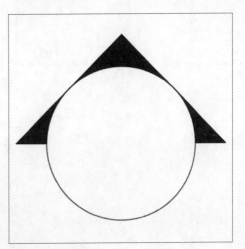

图 5-23 旋转图形

Step 07 执行"绘图>块>定义属性"命令，打开"属性定义"对话框，输入"标记""提示""默认"属性信息，再设置文字高度为60，如图5-24所示。

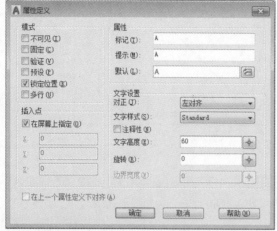

图 5-24 定义属性

Step 09 选择图形，再执行"绘图>块>创建"命令，打开"块定义"对话框，单击"拾取点按钮"，指定一点作为插入基点，输入图块名称，如图5-26所示。

图 5-26 定义块

Step 08 设置完毕后单击"确定"按钮关闭对话框返回到绘图区，指定属性文字位置，如图5-25所示。

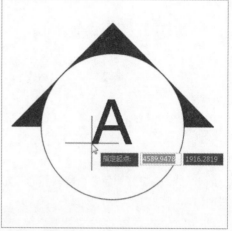

图 5-25 指定位置

Step 10 单击"确定"按钮关闭对话框，此时会弹出"编辑属性"对话框，直接单击"确定"按钮即可，如图5-27所示。

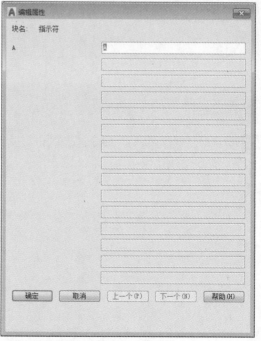

图 5-27 "编辑属性"对话框

Step 11 按照上述操作方法再绘制左侧的指示符，如图5-28所示。

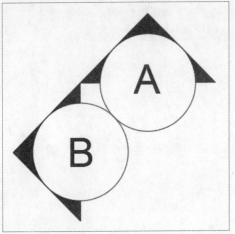

图 5-28　绘制指示符

Step 13 双击图块打开"增强属性编辑器"对话框，修改属性文字，再单击"确定"按钮完成属性的修改，如图5-30所示。

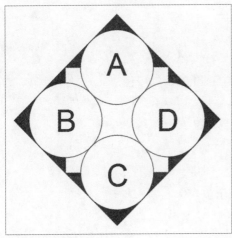

图 5-30　编辑属性文字

Step 12 执行"修改>镜像"命令，镜像复制图块，如图5-29所示。

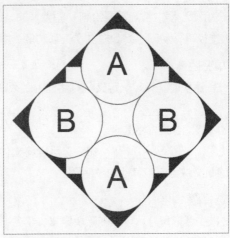

图 5-29　镜像复制图形

Step 14 适当调整图块位置，完成方向指示符的绘制，如图5-31所示。

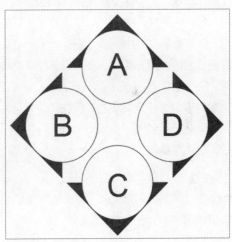

图 5-31　调整位置

AutoCAD 2020 中文版基础教程

AutoCAD 2020 中文版基础教程

课后练习

在绘图过程中常常需要绘制一些重复的、经常使用的图形，为了避免重复绘制一些常用图形，提高绘图效率，AutoCAD提供了一项功能，即将图形创建成块，在需要的时候插入即可。

一、填空题

1、在创建块时，在"块定义"对话框中必须确定的要素包括＿＿＿＿＿＿＿、＿＿＿＿＿＿＿、
＿＿＿＿＿＿＿。

2、插入块的快捷命令是＿＿＿＿＿＿＿。

3、使用＿＿＿＿＿＿＿命令，可以将文件中的块作为单独的对象保存为一个新文件，被保存的新文件可以被其他对象使用。

二、选择题

1、要减少图形尺寸，可以删除块定义，但是必须首先（　　）。

A、保存修改的图形　　　　　　　　B、删除块的全部参照

C、输出块的定义　　　　　　　　　D、给块定义属性

2、AutoCAD中创建块的快捷键是（　　）。

A、Ctrl+1　　　　B、W　　　　　C、ATT　　　　　D、B

3、应用"写块"命令定义块时保存的位置是（　　）。

A、当前图形文件中　　　　　　　　B、块定义文件中

C、外部参照文件中　　　　　　　　D、样板文件中

4、如果要删除一个无用块，使用以下哪个命令（　　）。

A、PURGE　　　B、DELETE　　　C、ESC　　　　D、UPDATE

5、创建对象编组和定义块的不同在于（　　）。

A、是否定义名称　　　　　　　　　B、是否选择包含对象

C、是否有基点　　　　　　　　　　D、是否有说明

三、操作题

1、为卧室立面图插入双人床、装饰画等图块，如图5-32所示。

2、创建如图5-33所示的门图块。

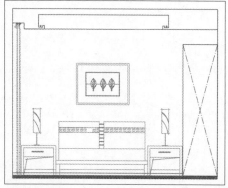

图5-32　衣柜

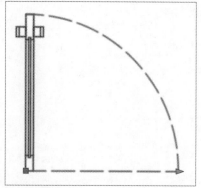

图5-33　门动态块

110

Chapter 06 文本标注与表格的应用

课题概述 文字对象是AutoCAD图形中很重要的图形元素，是建筑绘图中不可缺少的组成部分。添加文字标注的目的是表达各种信息，如使用材料列表或添加技术要求等都需要使用到文字注释。

教学目标 通过对本章内容的学习，用户可以熟悉并掌握文字标注与编辑、文字样式的设置、单行和多行文本的应用等内容，从而轻松绘制出更加完善的图纸。

╬ 章节重点

★★★★ 创建单行文本和多行文本
★★★☆ 编辑单行文本和多行文本
★★☆☆ 创建与编辑文字样式
★☆☆☆ 创建和编辑表格

╬ 光盘路径

上机实践：实例文件\第6章\上机实践：创建插座示意表格
课后练习：实例文件\第6章\课后练习

╬ 6.1　创建文字样式

在进行文字标注之前，应先对文字样式进行设置，从而方便、快捷地对图形对象进行标注，得到统一、标准、美观的文字注释。定义文字样式包括选择字体文件、设置文字高度、宽度比例等。

在AutoCAD 2020中，可以使用"文字样式"对话框来创建和修改文本样式。用户可以通过以下方法打开"文字样式"对话框。

- 执行"格式>文字样式"命令。
- 在"默认"选项卡的"注释"面板中单击"文字样式"按钮 。
- 在"注释"选项卡的"文字"面板中单击右下角箭头 。
- 在命令行中输入快捷命令STYLE，然后按Enter键。

执行以上任意一种操作后，都将打开"文字样式"对话框，如图6-1所示。在该对话框中，

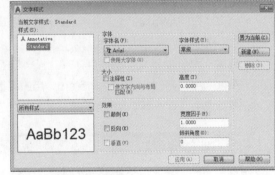

图6-1 "文字样式"对话框

用户可创建新的文字样式，也可对已定义的文字样式进行编辑。

 工程师点拨：为何不能删除 Standard 文字样式

Standard是AutoCAD 默认的文字样式，既不能删除，也不能重命名。另外，当前图形文件中正在使用的文字样式不能删除。

6.1.1　设置样式名

在AutoCAD 2020中，对文字样式名的设置包括新建文本样式名，以及对已定义的文字样式更改名称。其中，"新建"和"删除"按钮的作用如下：

AutoCAD 2020 中文版基础教程

- 新建：该按钮用于创建新文字样式。单击该按钮，打开"新建文字样式"对话框，如图6-2所示。在该对话框的"样式名"文本框中输入新的样式名，然后单击"确定"按钮。
- 删除：用于删除在样式名下拉列表中所选择的文字样式。单击此按钮，在弹出的对话框中单击"确定"按钮即可，如图6-3所示。

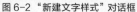

图 6-2 "新建文字样式"对话框   图 6-3 单击"确定"按钮

6.1.2 设置字体

在AutoCAD中，对文本字体的设置主要是指选择字体文件和定义文字的高度。系统中可使用的字体文件分为两种：一种是普通字体，即TrueType字体文件；另一种是AutoCAD特有的字体文件（.shx）。

在"字体"和"大小"选项组中，各选项功能介绍如下：

- 字体名：在该下拉列表中，列出了Windows注册的TrueType字体文件和AutoCAD特有的字体文件（.shxw）。
- 字体样式：指定字体格式，比如斜体、粗体、粗斜体或者常规字体。
- 注释性：指定文字为注释性。
- 使文字方向与布局匹配：指定图纸空间视口中的文字方向与布局方向匹配。如果未选择"注释性"选项，则该选项不可用。
- 高度：用于设置文字的高度。AutoCAD的默认值为0，如果设置为默认值，在文本标注时，AutoCAD定义文字高度为2.5mm，用户可重新进行设置。

在字体名中，有一类字体前带有@，如果选择了该类字体样式，则标注的文字效果为向左旋转90°。

 工程师点拨：中文标注前提

只有选择了有中文字库的字体文件，如宋体、仿宋体、楷体或大字体中的Hztxt.shx等字体文件，才能正常进行中文标注，否则会出现问号或者乱码。

6.1.3 设置文本效果

在AutoCAD中，对修改字体的特性，例如高度、宽度因子、倾斜角以及是否颠倒显示、反向或垂直对齐。"效果"选项组中各选项功能介绍如下：

- 颠倒：颠倒显示字符。用于将文字旋转180°，如图6-4所示。
- 反向：用于将文字以镜像方式显示，如图6-5所示。
- 垂直：显示垂直对齐的字符。只有在选定字体支持双向时"垂直"才可用。TrueType 字体的垂直定位不可用。

图 6-4　颠倒效果 　　　　　　　　　图 6-5　反向效果

● 宽度因子：设置字符间距。输入小于 1.0 的值将压缩文字。输入大于 1.0 的值则扩大文字。如图 6-6所示字体的宽度为1.4。
● 倾斜角度：设置文字的倾斜角，输入 –85 和 85 之间的值将使文字倾斜。如图6-7所示字体的倾斜角度为–30。

图 6-6　宽度为 1.4　　　　　　　　图 6-7　倾斜角度为 –30

6.1.4　预览与应用文本样式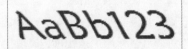

在AutoCAD中，对文字样式的设置效果，可在"文字样式"对话框的相应区域进行预览。单击"应用"按钮，将当前设置的文字样式应用到AutoCAD正在编辑的图形中，作为当前文字样式。

● 应用：用于将当前的文字样式应用到AutoCAD正在编辑的图形中。
● 取消：放弃文字样式的设置，并关闭"文字样式"对话框。
● 关闭：关闭"文字样式"对话框，同时保存对文字样式的设置。

6.2　创建与编辑单行文本

单行文字就是将每一行作为一个文字对象，一次性地在图纸中的任意位置添加所需的文本内容，并且可对每个文字对象进行单独的修改。下面将向用户介绍单行文本的标注与编辑，以及在文本标注中使用控制符输入特殊字符的方法。

6.2.1　创建单行文本

在AutoCAD中，用户可以通过以下方法执行"单行文字"命令。

● 执行"绘图>文字>单行文字"命令。
● 在"默认"选项卡的"注释"面板中单击"单行文字"按钮Ａ。
● 在"注释"选项卡的"文字"面板中单击"单行文字"按钮Ａ。
● 在命令行中输入命令TEXT，然后按Enter键。

执行上述命令后，命令行的提示内容如下：

```
指定文字的起点 或 [对正(J)/样式(S)]:
指定高度 <2.5000>:
指定文字的旋转角度 <0>:
```

其中，命令行中各选项的含义介绍如下：

AutoCAD 2020 中文版基础教程

1. 指定文字的起点

在绘图区域单击一点，确定文字的高度后，将指定文字的旋转角度，按Enter键即可完成创建。

在执行"单行文字"命令过程中，用户可随时用鼠标确定下一行文字的起点，也可按Enter键换行，但输入的文字与前面的文字属于不同的实体。

2. "对正"选项

该选项用于确定标注文本的排列方式和排列方向。AutoCAD用直线确定标注文本的位置，分别是顶线、中线、基线和底线。

命令行的提示内容如下：

```
输入选项  输入对正方式 [左上(TL)/中上(TC)/右上(TR)/左中(ML)/正中(MC)/右中(MR)/左下(BL)/中下(BC)/
右下(BR)] <左上(TL)>:
```

- 正中：用于确定标注文本基线的中点。选择该选项后，输入的文本均匀分布在该中点的两侧。
- 中间：文字在基线的水平中点和指定高度的垂直中点上对齐。中间对齐的文字不保持在基线上。"中间"选项与"正中"选项不同，"中间"选项使用的中点是所有文字包括下行文字在内的中点，而"正中"选项使用大写字母高度的中点。

3. "样式"选项

指定文字样式，文字样式决定文字字符的外观。创建的文字使用当前文字样式。输入 ? 将列出当前文字样式、关联的字体文件、字体高度及其他的参数。

在该提示下按Enter键，系统将自动打开"AutoCAD 文本窗口"对话框，在命令行中输入样式名，此窗口便可列出指定文字样式的具体设置。

若不输入文字样式名称直接按Enter键，则窗口中列出的是当前AutoCAD图形文件中所有文字样式的具体设置，如图6-8所示。

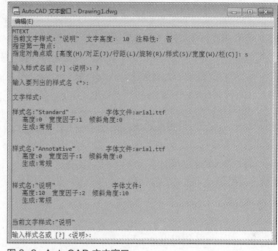

图6-8 AutoCAD 文本窗口

 工程师点拨：设置文字高度

如果用户在当前使用的文字样式中设置文字高度，那么在文本标注时，AutoCAD将不提示"指定高度<2.5000>"。

 工程师点拨：夹点的作用

标注的文本都有两个夹点，即基线的起点和终点，拖动夹点可以快速改变文本字符的高度和宽度。

 工程师点拨：决定文字大小的因素

在"正中"和后面介绍的各种对正方式，文字大小由输入的高度值和当前文字样式的宽度系数确定。

6.2.2 使用文字控制符

在文本标注中，经常需要标注一些不能直接利用键盘输入的特殊字符，如直径"Φ"、角度"°"等。AutoCAD为输入这些字符提供了控制符，见表6-1所示。可以通过输入控制符来输入特殊的字符。在单行文本标注和多行文本标注中，控制符的使用方法有所不同。

表 6-1 特殊字符控制符

控制符	对应特殊字符	控制符	对应特殊字符
%%C	直径（Φ）符号	%%D	度（°）符号
%%O	上划线符号	%%P	正负公差（±）符号
%%U	下划线符号	\U+2238	约等于（≈）符号
%%%	百分号（%）符号	\U+2220	角度（∠）符号

1. 在单行文本中使用文字控制符

在需要使用特殊字符的位置直接输入相应的控制符，那么输入的控制符将会显示在图中特殊字符的位置上，当单行文本标注命令执行结束后，控制符将会自动转换为相应的特殊字符。

2. 在多行文本中使用文字控制符

标注多行文本时，可以灵活的输入特殊字符，因为其本身具有一些格式化选项。在"多行文字编辑器"选项卡的"插入"面板中单击"符号"下拉按钮，在展开的下拉列表中将会列出特殊字符的控制符选项，如图6-9所示。

另外，在"符号"下拉列表中选择"其他"选项，将弹出"字符映射表"对话框，从中选择所需字符进行输入即可，如图6-10所示。

图 6-9 控制符

图 6-10 "字符映射表"对话框

在"字符映射表"对话框中，通过"字体"下拉列表选择不同的字体，选择所需字符，单击该字符，可以进行预览，如图6-11所示。然后单击"选择"按钮，用户也可以直接双击所需要的字符选中的字符，此时字符会显示在"复制字符"文本框中，打开多行文本编辑框，选择"粘贴"命令即可插入所选字符，如图6-12所示。

图6-11 控制符预览

图6-12 "字符映射表"对话框

 工程师点拨：%%O 和 %%U 开关上下划线

%%O和%%U是两个切换开关，第一次输入时打开上划线或下划线功能，第二次输入则关闭上划线或下环线功能。

6.2.3 编辑单行文本

若需要对已标注的文本进行修改，如文字的内容、对正方式以及缩放比例等，可通过DDEDIT命令编辑和"特性"选项板进行编辑。

1. 用 DDEDIT 命令编辑单行文本

在AutoCAD中，用户可以通过以下方法执行文本编辑命令。

- 执行"修改>对象>文字>编辑"命令。
- 在命令行中输入DDEDIT，然后按Enter键。
- 双击文本即可进入文本编辑状态。

执行以上任意一种操作后，在绘图窗口中单击要编辑的单行文字，即可进入文字编辑状态，对文本内容进行相应的修改，如图6-13所示。

图6-13 单行文字编辑状态

2. 用"特性"选项板编辑单行文本

选择要编辑的单行文本，右击弹出快捷菜单，选择"特性"选项，打开"特性"选项板，在"文字"展卷栏中，可对文字进行修改，如图6-14所示。

该选项板中各选项的作用如下：

- 常规：用于修改文本颜色和所属的图层。
- 三维效果：用于设置三维材质。

图6-14 单行文字"特性"对话框

● 文字：用于修改文字的内容、样式、对正方式、高度、旋转角度、倾斜角度和宽度比例等。

6.3　创建与编辑多行文本

多行文本包含一个或多个文字段落，可作为单一的对象处理。在输入文字标注之前需要先指定文字边框的对角点，文字边框用于定义多行文字对象中段落的宽度。编辑多行文本可用"文字编辑器"面板进行编辑。

6.3.1　创建多行文本

在AutoCAD中，用户可以通过以下方法执行"多行文字"命令。

● 执行"绘图>文字>多行文字"命令。
● 在"默认"选项卡的"注释"面板中单击"多行文字"按钮A。
● 在"注释"选项卡的"文字"面板中单击"多行文字"按钮A。
● 在命令行中输入快捷命令MTEXT，然后按Enter键。

命令行的提示内容如下：

```
命令：_mtext
当前文字样式："Standard"　文字高度：　2.5　注释性：　否
指定第一角点：
指定对角点或 [ 高度 (H)/ 对正 (J)/ 行距 (L)/ 旋转 (R)/ 样式 (S)/ 宽度 (W)/ 栏 (C)]：
```

其中，命令行中各选项含义介绍如下：

● 对正：用于设置文本的排列方式。
● 行距：指定多行文字对象的行距。行距是一行文字的底部（或基线）与下一行文字底部之间的垂直距离。
● 样式：用于指定多行文字的文字样式。其中"样式名"用于指定文字样式名；"?—列出样式"用于列出文字样式名称和特性。
● 栏：指定多行文字对象的栏选项。"静态"指定总栏宽、栏数、栏间距宽度（栏之间的间距）和栏高；"动态"指定栏宽、栏间距宽度和栏高。动态栏由文字驱动。调整栏将影响文字流，而文字流将导致添加或删除栏；"不分栏"将为当前多行文字对象设置不分栏模式。

在绘图区中通过指定对角点框选出文字输入范围，如图6-15所示，在文本框中即可输入文字，如图6-16所示。

图 6-15　指定对角点

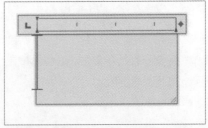

图 6-16　文本框

在系统自动打开的"文本编辑器"选项卡中可对文字的样式、格式、段落等属性进行设置，如图6-17所示。

图 6-17 "文字编辑器"选项卡

示例6-1：为图纸创建文字说明。

Step 01 打开"示例6-1.dwg"素材图形，如图6-18所示。

Step 02 执行"格式>文字样式"命令，打开"文字样式"对话框，设置字体为"宋体"，文字高度为9，设置完毕后依次单击"应用""关闭"按钮，如图6-19所示。

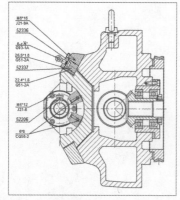

图 6-18 指定对角点

图 6-19 设置文字样式

Step 03 执行"绘图>文字>多行文字"命令，在零件图旁边框选出文字输入范围，如图6-20所示。

Step 04 在文字输入框内输入说明文字，如图6-21所示。

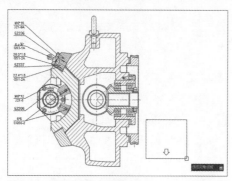

图 6-20 框选文字输入范围

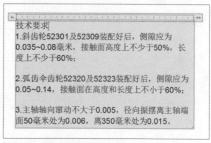

图 6-21 输入文字说明

Step 05 选择"技术要求"文字，在"文字编辑器"选项卡的"段落"面板中单击"居中"按钮，将文字居中显示，如图6-22所示。

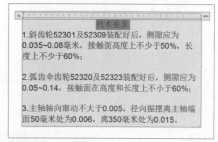

图 6-22 文字居中

Step 06 设置完毕后在"文字编辑器"选项卡中单击"关闭文字编辑器"按钮，完成说明文字的创建，如图6-23所示。

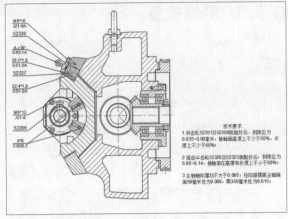

图 6-23　说明文字效果

6.3.2　编辑多行文本

编辑多行文本与编辑单行文本一样，用DDEDIT命令和"特性"选项板即可。

1. 用 DDEDIT 命令编辑多行文本

在命令行中输入DDEDIT命令，按Enter键后选择多行文本作为编辑对象，将会弹出"文字编辑器"选项卡和文本编辑框，如图6-24所示。同创建多行文字一样，在"文字编辑器"选项卡中，可对多行文字进行字体属性的设置。

2. 用"特性"选项板编辑多行文本

选取多行文本后右击，在打开的快捷菜单中选择"特性"选项版，用户可在该选项板中设置多行文字的内容、文字高度、旋转角度、行间距等参数。

与单行文本的"特性"选项板不同的是，没有"其他"选项组，"文字"选项组中增加了"行距比例""行间距""行距样式"3个选项。但缺少了"倾斜"和"宽度因子"选项，如图6-25所示。

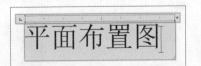

图 6-24　编辑多行文字

图 6-25　多行文字"特性"面板

🖢 **工程师点拨：设置多行文本宽度比例倾斜角度**

多行文本的宽度比例和倾斜角度只能在"多行文字"选项卡的"设置格式"功能区中设置。

6.3.3 拼写检查

在AutoCAD 2020中，用户可以对当前图形的所有文字进行拼音检查，包括单行文字、多行文本等内容。

执行"工具>拼写检查"命令或在"注释"选项卡的"文字"面板中单击"拼写检查"按钮，都将打开"拼写检查"对话框，如图6-26所示。在"要进行检查的位置"下拉列表框中设置要进行检查的位置，单击"开始"按钮，即可进行检查。

执行"编辑>查找"命令，打开"查找和替换"对话框，可以对已输入的一段文本中的部分文字进行查找和替换。单击"展开"按钮可以展开"搜索选项"和"文字类型"选项组，如图6-27所示。

图 6-26 "拼写检查"对话框

图 6-27 "查找和替换"对话框

6.4 创建与编辑表格

在绘制建筑用地时，常常会利用表格来标识图纸中所需要的参数，如占地面积、容积率等。在AutoCAD中，用户可使用表格命令，直接插入表格，而不需单独绘制线来制作表格。

6.4.1 设置表格样式

在插入表格之前，需要对表格样式进行设定才行。其方法与设置文字样式相似。在AutoCAD中，可以通过以下方式来设置表格样式。

- 执行"格式>表格样式"命令。
- 在"默认"选项卡的"注释"面板中，单击下拉箭头，单击"表格样式"按钮。
- 在"注释"选项卡的"表格"面板中，单击右下角箭头即可。
- 在命令行中输入TABLESTYLE，然后按Enter键。

通过以上任意一种方式都可打开"表格样式"对话框，在该对话框中，用户可对表格的表头、数据以及标题样式进行设置，如图6-28所示。

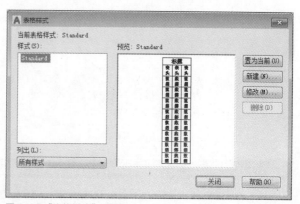

图 6-28 "表格样式"对话框

6.4.2　创建编辑表格

表格样式设置完成后，接下来可使用表格功能插入表格了。在AutoCAD中，可通过以下方式执行表格命令。

- 执行菜单栏中"绘图>表格"命令。
- 在"注释"选项卡的"表格"面板中，单击"表格🔲"命令。
- 在"默认"选项卡的"注释"面板中，单击"表格"命令。
- 在命令行中输入TABLE命令，然后按Enter键。

执行以上任意一种命令，都会打开"插入表格"对话框，其后在对话框中，设置表格的列数和行数即可插入，如图6-29所示。

而当表格创建完成后，用户可对表格进行编辑修改操作。单击表格内部任意单元格，系统会打开"表格单元"选项卡，在该选项卡中，用户可根据需要对表格的行、列以及单元格样式等参数进行设置，如图6-30所示。

图 6-29　"插入表格"对话框

图6-30　"表格单元"选项卡

6.4.3　调用外部表格

用户可将其他办公软件制作好的表格调入至CAD图纸中，从而提高工作效率。

用户可执行"绘图>表格"命令，在打开的"插入表格"对话框中，单击"自数据链接"单选按钮，并单击右侧"数据链接管理器🔲"按钮，其后在"选择数据链接"对话框中，选择"创建新的Excel数据链接"选项，打开"输入数据链接名称"对话框，输入文件名，如图6-31所示。

在"新建Excel数据链接"对话框中，单击"浏览🔲"按钮，如图6-32所示。打开"另存为"对话框，选择所需插入的Excel文件单击"打开"按钮，返回到上一层对话框，最后依次单击"确定"按钮，返回到绘图区，在绘图区指定表格插入点即可插入表格。

图 6-31　浏览文件

图 6-32　选择插入的 Excel 文件

上机实践 | 创建插座示意表格

- **实践目的** 通过练习本实训，以使读者更好的掌握表格的创建操作。
- **实践内容** 应用本章所学的知识在图纸中创建插座示意表格。
- **实践步骤** 设置文字样式与表格样式并创建表格，具体操作介绍如下：

Step 01 执行"格式>文字样式"命令，打开"文字样式"对话框，设置字体为宋体，字高为20，依次单击"应用"、"置为当前"按钮，如图6-33所示。

图6-33 设置默认文字样式

Step 02 单击"新建"按钮，打开"新建文字样式"对话框，然后输入新的文字样式名，如图6-34所示。

图6-34 新建文字样式

Step 03 单击"确定"按钮打开"标题"文字样式，设置字体为"黑体"，文字高度为20，如图6-35所示。

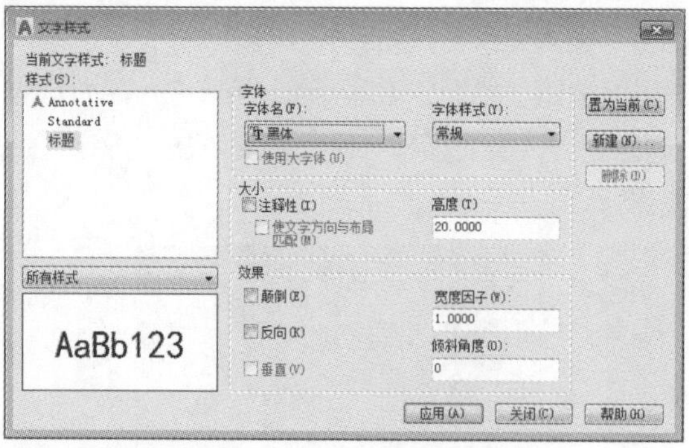

Step 04 执行"格式>表格样式"命令，打开"表格样式"对话框，如图6-36所示。

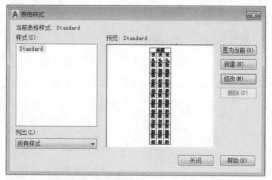

图6-35 设置"标题"文字样式

图6-36 "表格样式"对话框

Step 05 单击"修改"按钮打开"修改表格样式"对话框，选择"数据"单元样式，在"常规"选项版中设置对齐方式为"正中"，水平及垂直"页边距"皆为8，"文字"及"边框"选项板的参数保持默认，"表头"单元样式的设置同"数据"单元样式，在对话框左侧可以看到表格文字的预览效果，如图6-37所示。

Step 06 选择“标题”单元样式，其“常规”选项板参数设置同“数据”单元样式，切换到“文字”选项板，选择文字样式为“标题”，至此完成表格样式的设置，依次关闭对话框，如图6-38所示。

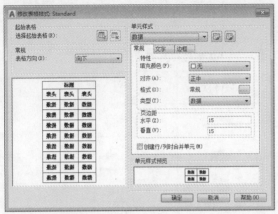

图6-37 设置“数据”单元样式

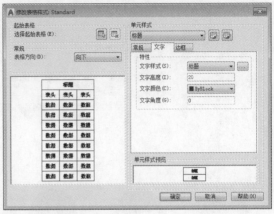

图6-38 设置“标题”单元样式

Step 07 执行“格式>表格样式”命令，打开“插入表格”对话框，设置行数宽数、行高、列高等参数，如图6-39所示。

图6-39 “插入表格”对话框

Step 08 单击“确定”按钮，在绘图区中指定表格的基点，如图6-40所示。

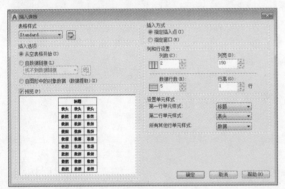

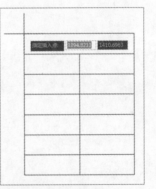

图6-40 指定表格基点

Step 09 指定基点后标题栏会自动进入编辑状态，输入文字内容，如图6-41所示。

插座图标示意	

图6-41 输入标题栏内容

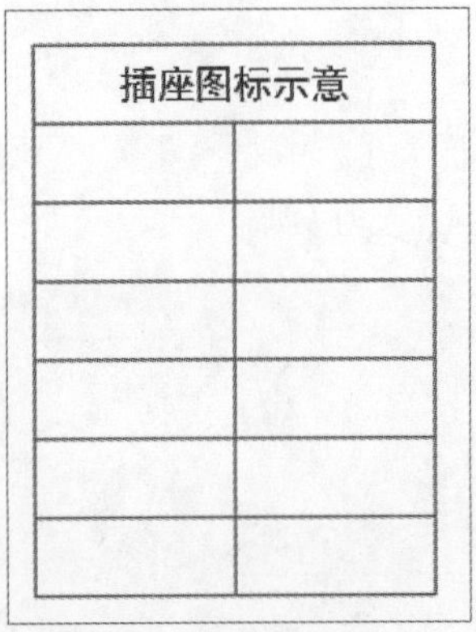

Step 10 接着在数据栏中输入文字内容，如图6-42所示。

插座图标示意	
图标	说明
	强电箱
	普通插座
	空调插座
	防水插座
	弱电箱

图6-42 输入数据栏内容

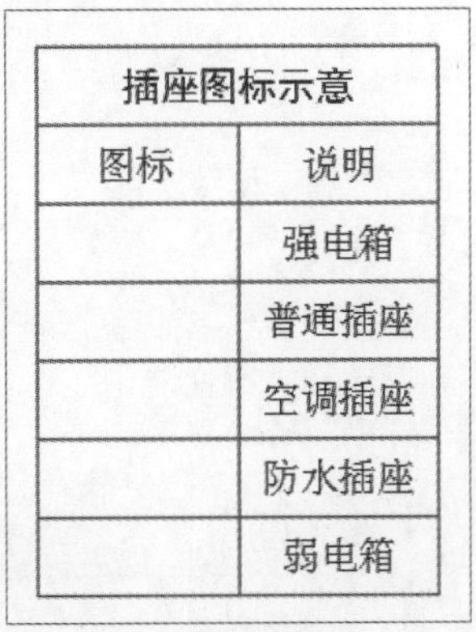

Step 11 在"插入"选项卡的"块"面板中单击"插入"按钮，并从中选择插座图块，如图6-43所示。

Step 12 将插座图块放置到表格对应的位置，如图6-44所示。

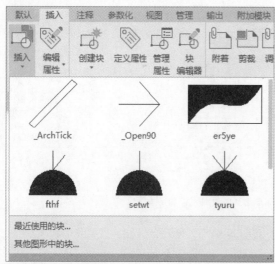

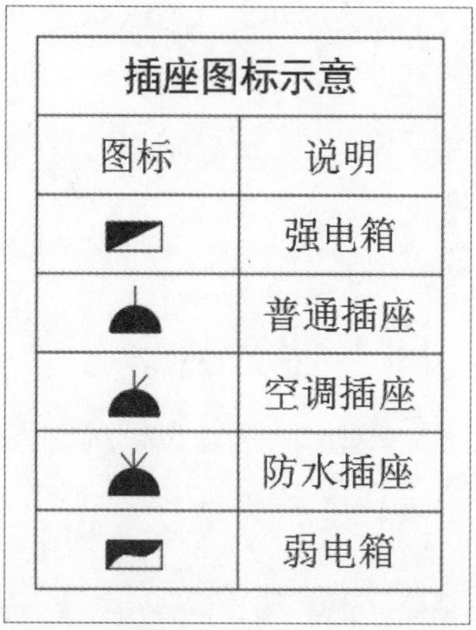

图 6-43　插入插座图块

插座图标示意	
图标	说明
	强电箱
	普通插座
	空调插座
	防水插座
	弱电箱

图 6-44　放置图块

课后练习

通过本章的学习，了解了文本标注的创建与编辑，更直观地了解图形文件的表述。操作题将练习如何对表格和平面图添加文字说明。

一、填空题

1、当使用"镜像"命令对文本属性进行镜像操作时，想要时文本具有可读性，应将变量MIRRTEXT的值设置为_____。

2、在进行文字标注时，若要插入"度数"符号，应当输入_____。

3、打开"文字样式"对话框的快捷命令是_____。

二、选择题

1、在AutoCAD中可以使用哪个命令将文本设置为快速显示方式（　　）。

　　A、TEXT　　　　　B、MTEXT　　　　　C、WTEXT　　　　　D、QTEXT

2、以下哪个命令用于为图形标注多行文本、表格文本和下划线文本等特殊文字（　　）。

　　A、MTEXT　　　　B、TEXT　　　　　C、DTEXT　　　　　D、DDEDIT

3、下列哪一类字体是中文字体（　　）。

　　A、gbenor.shx　　B、gbeitc.sgx　　C、gbcbig.shx　　D、txt.shx

4、定义文字样式时，符合国标"GB"要求的大字体是（　　）。

　　A、gbcbig.shx　　　　　　　　B、chineset.shx

　　C、txt.shx　　　　　　　　　　D、bigfont.shx

5、多行文字的命令是（　　）。

　　A、TEXT　　　　　B、MTEXT　　　　　C、QTEXT　　　　　D、WTEXT

6、用"单行文字"命令书写正负符号时，应使用（　　）。

　　A、%%d　　　　　B、%%p　　　　　C、%%c　　　　　D、%%u

三、操作题

1、使用"表格"命令，创建零件图表格，如图6-45所示。

2、使用"直线"和"多行文字"命令，为机械零件图添加注释，如图6-46所示。

名称	型号	图号	
	YK3120CNC2	61002	
工作台装配图	第1张	比例	
	第1张	重量	

图 6-45　创建表格

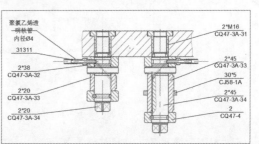

图 6-46　文字注释

Chapter 07 尺寸标注与编辑

课题概述 尺寸标注是绘图设计过程中的一个重要环节，它是图形的测量注释。在绘制图形时使用尺寸标注，能够为图形的各个部分添加提示和注释等辅助信息。

教学目标 本章将向读者介绍创建与设置标注样式、多重引线标注、编辑标注对象等内容，掌握好这些方法能够有效地节省我们的绘图时间。

🞣 章节重点	🞣 光盘路径
★★★★ | 尺寸标注类型、引线	**上机实践：**实例文件 \ 第 7 章 \ 上机实践 \ 为栏杆立面图添
★★★☆ | 创建与设置标注样式	加尺寸标注
★★☆☆ | 编辑标注对象	**课后练习：**实例文件 \ 第 7 章 \ 课后练习
★☆☆☆ | 尺寸标注的规则与组成	
★☆☆☆ | 尺寸标注关联性	

🞣 7.1 尺寸标注的规则与组成

尺寸标注是工程绘图设计中的一项重要内容，它描述了图形对象的真实大小、形状和位置，是实际生活和生产中的重要依据。下面将为用户介绍标注的规则、尺寸标注的组成以及尺寸标注的一般步骤。

7.1.1 尺寸标注的组成

一个完整的尺寸标注具有尺寸界线、尺寸线、尺寸起止符号和尺寸数字4个要素，如图7-1所示。

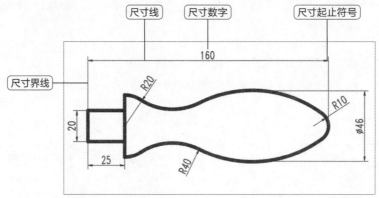

图 7-1 尺寸标注的组成

尺寸标注基本要素的作用与含义如下：

- 尺寸界线：也称为投影线，从被标注的对象延伸到尺寸线。尺寸界线一般与尺寸线垂直，特殊情况下也可以将尺寸界线倾斜。有时也用对象的轮廓线或中心线代替尺寸界线。
- 尺寸线：表示尺寸标注的范围。通常与所标注的对象平行，一端或两端带有终端号，如箭头或斜线，角度标注的尺寸线圆弧线。
- 尺寸起止符号：位于尺寸线两端，用于标记标注的起始和终止位置。箭头的范围很广，既可以是短划线、点或其他标记，也可以是块，还可以是用户创建的自定义符号。

- 尺寸数字：用于指示测量的字符串，一般位于尺寸线上方或中断处。标注文字可以反映基本尺寸，也可以包含前缀、后缀和公差，还可以按极限尺寸形式标注。如果尺寸界线内放不下尺寸文字，AutoCAD将会自动将其放到外部。

7.1.2 尺寸标注的规则

国家标准《尺寸注法》（GB/4457.4-1984）中，对尺寸标注时应遵循的有关规则作了明确规定。

1. 基本规则

在AutoCAD中，对绘制的图形进行尺寸标注时，应遵循以下5个规则：

- 图样上所标注的尺寸数为图形的真实大小，与绘图比例和绘图的准确度无关。
- 图形中的尺寸以系统默认值mm（毫米）为单位时，不需要计算单位代号或名称，如果采用其他单位，则必须注明相应计量的代号或名称，如"度"的符号"。"和英寸""等。
- 图样上所标注的尺寸数值应为工程图形完工的实际尺寸，否则需要另外说明。
- 建筑图像中的每个尺寸一般只标注一次，并标注在最能清晰表现该图形结构特征的视图上。
- 尺寸的配置要合理，功能尺寸应该直接标注，尽量避免在不可见的轮廓线上标注尺寸，数字之间不允许有任何图线穿过，必要时可以将图线断开。

2. 尺寸数字

- 线性尺寸的数字一般应注写在尺寸线的上方，也允许标注在尺寸线的中断处。
- 线性尺寸数字的方向，以平面坐标系的Y轴为分界线，左侧按顺时针方向标注在尺寸线的上方，右侧按逆时针方向标注在尺寸线的上方，但在与Y轴正负方向成30°角的范围内不标注尺寸数字。在不引起误解时，也允许采用引线标注。但在一张图样中，应尽可能采用一种方法。
- 角度的数字一律写成水平方向，一般注写在尺寸线的中断处。必要时也可使用引线标注。
- 尺寸数字不可被任何图线所通过，否则必须将该图线断开。

3. 尺寸线

- 尺寸线用细实线绘制，其终端可以用箭头和斜线两种形式。箭头适用于各种类型的图样，但在实践中多用于机械制图，斜线多用于建筑制图。斜线用细实线绘制，当尺寸线的终端采用斜线形式时，尺寸线与尺寸界线必须相互垂直。
- 当尺寸线与尺寸界线相互垂直时，同一张图样中只能采用一种尺寸线终端的形式。当采用箭头时，如果空间地位不足，允许用圆点或斜线代替箭头。
- 标注线性尺寸时，尺寸线必须与所标注的线段平行。尺寸线不能用其他图线代替，一般也不得与其他图线重合或画在其延长线上。
- 标注角度时，尺寸线应画成圆弧，其圆心是该角的顶点。
- 当对称机件的图形只画出一半或略大于一半时，尺寸线应略超过对称中心线或断裂处的边界线，此时仅在尺寸线的一端画出箭头。

4. 尺寸界线

- 尺寸界线用细实线绘制，并应由图形的轮廓线、轴线或对称中心线处引出。也可利用轮廓线、轴线或对称中心线作尺寸界线。
- 当表示曲线轮廓上各点的坐标时，可将尺寸线或其延长线作为尺寸界线。

- 尺寸界线一般应与尺寸线垂直，必要时才允许倾斜。在光滑过渡处标注尺寸时，必须用细实线将轮廓线延长，从它们的交点处引出尺寸界线。
- 标注角度的尺寸界线应从径向引出。标注弦长或弧长的尺寸界线应平行于该弦的垂直平分线，当弧度较大时，可沿径向引出。

5. 标注尺寸的符号

- 标注直径时，应在尺寸数字前加注符号"Φ"；标注半径时，应在尺寸数字前加注符号"R"；标注球面的直径或半径时，应在符号"Φ"或"R"前再加注符号"S"。
- 标注弧长时，应在尺寸数字上方加注符号"⌒"。
- 标注参考尺寸时，应将尺寸数字加上圆括弧。
- 当需要指明半径尺寸是由其他尺寸所确定时，应用尺寸线和符号"R"标出，但不要注写出尺寸数。

 工程师点拨：设置尺寸标注

尺寸标注中的尺寸线、尺寸界线用细实线。尺寸数字中的数据不一定是标注对象的图上尺寸，因为有时使用了绘图比例。

7.1.3 创建尺寸标注的步骤

尺寸标注是一项系统化的工作，涉及尺寸线、尺寸界线、指引线所在的图层，尺寸文本的样式、尺寸样式、尺寸公差样式等。在AutoCAD中对图形进行尺寸标注时，通常按以下步骤进行。

（1）创建或设置尺寸标注图层，将尺寸标注在该图层上。
（2）创建或设置尺寸标注的文字样式。
（3）创建或设置尺寸标注样式。
（4）使用对象捕捉等功能，对图形中的元素进行相应的标注。
（5）设置尺寸公差样式。
（6）标注带公差的尺寸。
（7）设置形位公差样式。
（8）标注形位公差。
（9）修改调整尺寸标注。

7.2 创建与设置标注样式

标注样式可以控制尺寸标注的格式和外观，建立和强制执行图形的绘图标准，这样便于对标注格式和用途进行修改。在AutoCAD中，利用"标注样式管理器"对话框可创建与设置标注样式。打开该对话框可以通过以下方法。

- 执行"格式>标注样式"命令。
- 在"默认"选项卡的"注释"面板中单击"标注样式"按钮。
- 在"注释"选项卡的"标注"面板中单击右下角箭头。
- 在命令行中输入快捷命令DIMSTYLE，然后按Enter键。

执行以上任意一种操作，都将打开"标注样式管理器"对话框，如图7-2所示。在该对话框中，用户可以创建新的标注样式，也可以对已定义的标注样式进行设置。对话框中各选项的含义介绍如下：

- 样式：列出图形中的标注样式。当前样式被亮显。在列表中单击鼠标右键可显示快捷菜单及选项，可用于设定样式置为当前、重命名样式和删除样式。不能删除当前样式或当前图形使用的样式。

- 列出：在"样式"列表中控制样式显示。如果要查看图形中所有的标注样式，请选择"所有样式"选项。如果只希望查看图形中标注当前使用的标注样式，则选择"正在使用的样式"选项。

- 预览：显示"样式"列表中所选定样式的图示。

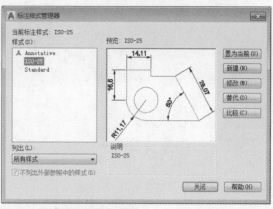

图 7-2 "标注样式管理器"对话框

- 置为当前：将在"样式"列表框中选定的标注样式设定为当前标注样式，当前样式将应用于所创建的标注。

- 新建：显示"创建新标注样式"对话框，从中可以定义新的标注样式。

- 修改：显示"修改标注样式"对话框，从中可以修改标注样式。对话框选项与"新建标注样式"对话框中的选项相同。

- 替代：显示"替代当前样式"对话框，从中可以设定标注样式的临时替代值。对话框选项与"新建标注样式"对话框中的选项相同。替代将作为未保存的更改结果显示在"样式"列表中的标注样式下。

- 比较：显示"比较标注样式"对话框，从中可比较两个标注样式或列出一个标注样式的所有特性。

7.2.1　新建标注样式

在"标注样式管理器"对话框中，单击"新建"按钮，可打开"创建新标注样式"对话框，如图7-3所示。其中各选项的含义介绍如下：

- 新样式名：指定新的标注样式名。
- 基础样式：设定作为新样式的基础的样式。对于新样式，仅更改那些与基础特性不同的特性。
- 用于：创建一种仅适用于特定标注类型的标注子样式。
- 继续：单击该按钮可打开"新建标注样式"对话框，从中可以定义新的标注样式特性。

"新建标注样式"对话框中包含了7个选项卡，在各个选项卡中可对标注样式进行相关设置，如图7-4、7-5所示。

图 7-3 "创建新标注样式"对话框

图 7-4 "线"选项卡

图 7-5 "文字"选项卡

其中，各选项卡的功能介绍如下：

- 线：主要用于设置尺寸线、尺寸界线的相关参数。
- 箭头和符号：主要用于设置设定箭头、圆心标记、弧长符号和折弯半径标注的格式和位置。
- 文字：主要用于设置文字的外观、位置和对齐方式。
- 调整：主要用于控制标注文字、箭头、引线和尺寸线的放置。
- 主单位：主要用于设定主标注单位的格式和精度，并设定标注文字的前缀和后缀。
- 换算单位：主要用于指定标注测量值中换算单位的显示并设定其格式和精度。
- 公差：主要用于指定标注文字中公差的显示及格式。

 工程师点拨：编辑尺寸标注

尺寸标注创建完成后，用户可对其进行修改编辑。在命令行中输入CH命令，然后按Enter键，即可打开"特性"选项板。在该选项板中，用户可以对尺寸标注进行修改。

7.2.2 直线和箭头

在"线"和"符号和箭头"选项卡中，用户可以设置尺寸线、尺寸界线、圆心标记和箭头等内容。

1. 尺寸线

该选项组用于设置尺寸线的特性，如颜色、线宽、基线间距等特征参数，还可控制是否隐藏尺寸线。

- 颜色：显示并设定尺寸线的颜色。如果单击"选择颜色"，将打开"选择颜色"对话框。
- 线型：设定尺寸线的线型。
- 线宽：设定尺寸线的线宽。
- 超出标记：指定当箭头使用倾斜、建筑标记、积分和无标记时尺寸线超过尺寸界线的距离。
- 基线间距：设定基线标注的尺寸线之间的距离。
- 隐藏：不显示尺寸线。"尺寸线 1"不显示第一条尺寸线，"尺寸线 2"不显示第二条尺寸线。

2. 尺寸界线

该选项组用于控制尺寸界线的外观。可以设置尺寸界线的颜色、线宽、超出尺寸线、起点偏移量等特征参数。

- 尺寸界限1的线型：设定第一条尺寸界线的线型。
- 尺寸界限2的线型：设定第二条尺寸界线的线型。
- 隐藏：不显示尺寸界线。勾选"尺寸界线1"复选框不显示第一条尺寸界线，勾选"尺寸界线2"复选框则不显示第二条尺寸界线。
- 超出尺寸线：指定尺寸界线超出尺寸线的距离。
- 起点偏移量：设定自图形中定义标注的点到尺寸界线的偏移距离。
- 固定长度的尺寸界线：启用固定长度的尺寸界线，可激活"长度"选项，设定尺寸界线的总长度，起始于尺寸线，直到标注原点。如图7-6、7-7所示为勾选该选项前后的效果。

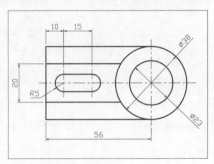

图 7-6 取消勾选

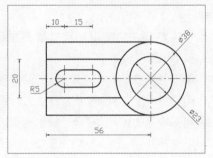

图 7-7 勾选选项

3. 箭头

在"符号和箭头"选项卡的"箭头"选项组中，用户可以选择尺寸线和引线标注的箭头形式，还可以设置箭头的大小，共包含21种箭头类型，如图7-8所示。

- 第一个：设定第一条尺寸线的箭头。当改变第一个箭头的类型时，第二个箭头将自动改变以同第一个箭头相匹配。
- 第二个：设定第二条尺寸线的箭头。
- 引线：设定引线箭头。

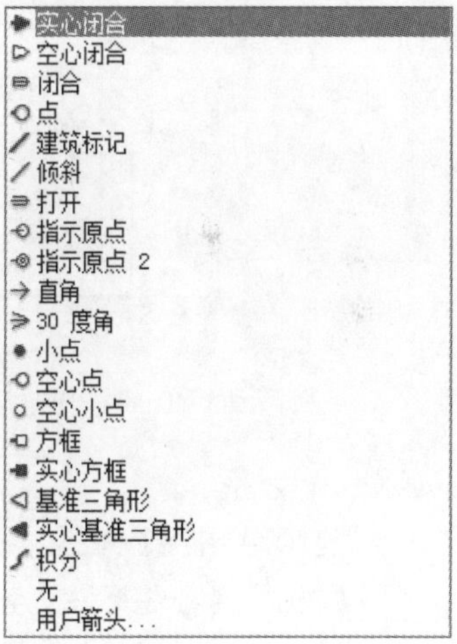

4. 圆心标记

该选项组用于控制直径标注和半径标注的圆心标记以及中心线的外观。

- 无：不创建圆心标记或中心线。
- 标记：创建圆心标记。选择该选项，圆心标记为圆心位置的小十字线。
- 直线：表示创建中心线。选择该选项时，表示圆心标记的标注线将延伸到圆外。

图 7-8 箭头种类

7.2.3 文本

在"新建标注样式"对话框的"文字"选项卡中，用户可以设置标注文字的格式、放置和对齐，如图7-9所示。

1. 文字外观

该选项组用于控制标注文字的样式、颜色、高度等属性。

- 文字样式：列出可用的文本样式。单击后面的"文字样式"按钮，可显示"文字样式"对话框，

131

从中可以创建或修改文字样式。

- 填充颜色：设定标注中文字背景的颜色。
- 分数高度比例：设定相对于标注文字的分数比例。在此处输入的值乘以文字高度，可确定标注分数相对于标注文字的高度。

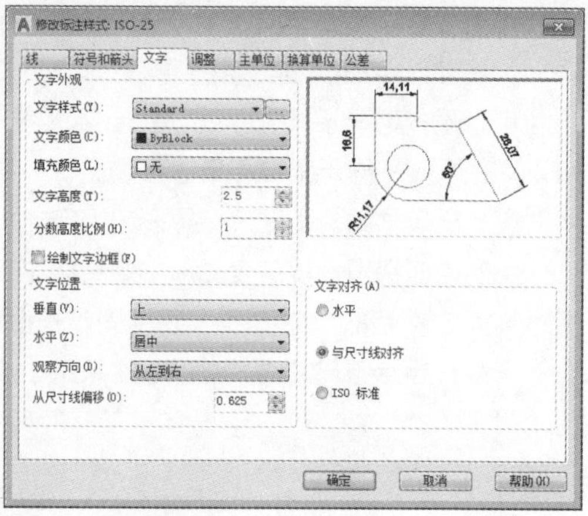

图 7-9 "文字"选项卡

2. 文字位置

在该选项组中，用户可以设置文字的垂直、水平位置、观察方向以及文字从尺寸线偏移的距离。

（1）垂直

该选项用于控制标注文字相对尺寸线的垂直位置。垂直位置包括如下子选项：

- "居中"用于将标注文字放在尺寸线的两部分中间。如7-10所示。
- "上方"用于将标注文字放在尺寸线上方。如图7-11所示。
- "外部"用于将标注文字放在尺寸线上远离第一个定义点的一边。
- "JIS"用于按照日本工业标准 (JIS) 放置标注文字。
- "下方"将标注文字放在尺寸线下方。如图7-12所示。

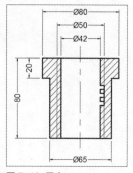
图 7-10 居中

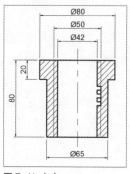
图 7-11 上方

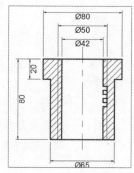
图 7-12 下方

（2）水平

该选项用于控制标注文字在尺寸线上相对于尺寸界线的水平位置。水平位置子选项为：

- "居中"用于将标注文字沿尺寸线放在两条尺寸界线的中间。如图7-13所示。
- "第一条尺寸界线"用于沿尺寸线与第一条尺寸界线左对正。如图7-14所示。
- "第二条尺寸界线"用于沿尺寸线与第二条尺寸界线右对正。如图7-15所示。

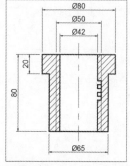
图 7-13 居中

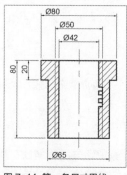
图 7-14 第一条尺寸界线

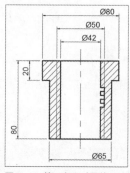
图 7-15 第二条尺寸界线

- "第一条尺寸界线上方"用于沿第一条尺寸界线放置标注文字或将标注文字放在第一条尺寸界线的上面。
- "第二条尺寸界线上方"用于沿第二条尺寸界线放置标注文字或将标注文字放在第二条尺寸界线的上面。

（3）观察方向

该选项用于控制标注文字的观察方向。"从左到右"选项是按从左到右阅读的方式放置文字。"从右到左"选项是按从右到左阅读的方式放置文字。

（4）从尺寸线偏移

该选项用于设定当前文字的间距，文字间距是指当尺寸线断开以容纳标注文字时标注文字周围的距离。

3. 文字对象

该选项组用于控制标注文字放置在尺寸界线外侧或里侧时的方向是保持水平还是与尺寸界线平行。

- 水平：水平放置文字。
- 与尺寸线对齐：文字与尺寸线对齐。
- ISO标准：当文字在尺寸界线内时，文字与尺寸线对齐。当文字在尺寸界线外时，文字水平排列。

7.2.4 调整

"调整"选项卡用于设置文字、箭头、尺寸线的标注方式、文字的标注位置和标注的特征比例等，如图7-16所示。

1. 调整选项

该选项组用于控制基于尺寸界线之间可用空间的文字和箭头的位置。

- 文字或箭头（最佳效果）：按照最佳效果将文字或箭头移动到尺寸界线外。
- 箭头：先将箭头移动到尺寸界线外，然后移动文字。
- 文字：先将文字移动到尺寸界线外，然后移动箭头。
- 文字和箭头：当尺寸界线间距离不足以放下文字和箭头时，文字和箭头都移到尺寸界线外。
- 文字始终保持在尺寸界线之间：始终将文字放在尺寸界线之间，如图7-17所示。
- 若箭头不能放在尺寸界线内，则将其取消：如果尺寸界线内没有足够的空间，则不显示箭头。

图7-16　"调整"选项卡

2. 文字位置

该选项组用于设定标注文字从默认位置（由标注样式定义的位置）移动时标注文字的位置。

- 尺寸线旁边：如果选定，只要移动标注文字尺寸线就会随之移动，如图7-18所示。
- 尺寸线上方，带引线：如果选定，移动文字时尺寸线不会移动。如果将文字从尺寸线上移开，将创建一条连接文字和尺寸线的引线。当文字非常靠近尺寸线时，将省略引线，如图7-19所示。
- 尺寸线上方，不带引线：如果选定，移动文字时尺寸线不会移动。远离尺寸线的文字不与带引线的尺寸线相连，如图7-19所示。

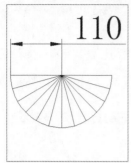

图 7-17 尺寸线旁边

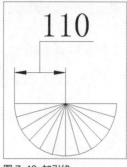

图 7-18 加引线

图 7-19 不加引线

3. 标注特征比例

该选项组用于设定全局标注比例值或图纸空间比例。

4. 优化

该选项组用于提供可手动放置文字以及在尺寸界限之间绘制尺寸线的选项。

7.2.5 主单位

"主单位"选项卡用于设定主标注单位的格式和精度，并设定标注文字的前缀和后缀。如图7-20所示。

1. 线性标注

该选项组主要用于设定线性标注的格式和精度。

- 单位格式：设定除角度之外的所有标注类型的当前单位格式。
- 精度：显示和设定标注文字中的小数位数。
- 分数格式：设定分数的格式。只有当单位格式为"分数"时，此选项才可用。
- 舍入：为除"角度"之外的所有标注类型设置标注测量值的舍入规则。如果输入 0.25，则所有标注距离都以 0.25 为单位进行舍入。如果输入1.0，则所有标注距离都将舍入为最接近的整数。小数点后显示的位数取决于"精度"设置。
- 前缀：在标注文字中包含前缀。可以输入文字或使用控制代码显示特殊符号。
- 后缀：在标注文字中包含后缀。可以输入文字或使用控制代码显示特殊符号。

2. 测量单位比例

该选项组用于定义线性比例选项，并控制该比例因子是否仅应用到布局标注。

3. 消零

该选项组用于控制是否禁止输出前导零和后续零以及零英尺和零英寸部分。

- 前导：不输出所有十进制标注中的前导零。
- 辅单位因子：将辅单位的数量设定为一个单位。它用于在距离小于一个单位时以辅单位为单位计算标注距离。
- 辅单位后缀：在标注值子单位中包含后缀。可以输入文字或使用控制代码显示特殊符号。

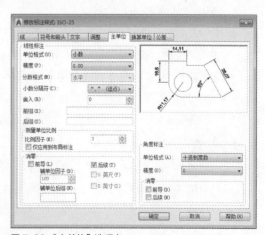

图 7-20 "主单位"选项卡

- 0 英尺：如果长度小于一英尺，则消除英尺-英寸标注中的英尺部分。
- 0 英寸：如果长度为整英尺数，则消除英尺-英寸标注中的英寸部分。

4. 角度标注

该选项组用于显示和设定角度标注的当前角度格式。

7.2.6　单位换算

在"换算单位"选项卡中，可以设置换算单位的格式，如图7-21所示。设置换算单位的单元格式、精度、前缀、后缀和消零的方法，与设置主单位的方法相同，但该选项卡中有两个选项是独有的。

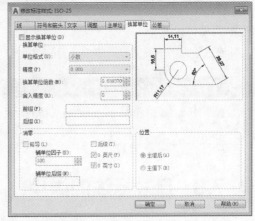

图7-21　"换算单位"选项卡

- 换算单位倍数：指定一个乘数，作为主单位和换算单位之间的转换因子使用。例如，要将英寸转换为毫米，请输入25.4。此值对角度标注没有影响，而且不会应用于舍入值或者正、负公差值。
- 位置：该选项组用于控制标注文字中换算单位的位置。其中"主值后"选项用于将换算单位放在标注文字中的主单位之后。"主值下"用于将换算单位放在标注文字中的主单位下面。

7.2.7　公差

在"公差"选项卡中，可以设置指定标注文字中公差的显示及格式，如图7-22所示。

1. 公差格式

该选项组用于设置公差的方式、精度、公差值、公差文字的高度与对齐方式等。

- 方式：设定计算公差的方法。其中，"无"表示不添加公差。"对称"表示公差的正负偏差值相同，如图7-23所示。"极限偏差"表示公差的正负偏差值不相同，如图7-24所示。"极限尺寸"表示公差值合并到尺寸值中，并且将上界显示在下界的上方，如图7-25所示。"基本尺寸"表示创建基本标注，这将在整个标注范围周围显示一个框，如图7-26所示。
- 精度：设定小数位数。
- 上偏差：设定最大公差或上偏差。如果在"方式"中选择"对称"，则此值将用于公差。
- 下偏差：设定最小公差或下偏差。
- 垂直位置：控制对称公差和极限公差的文字的对正。

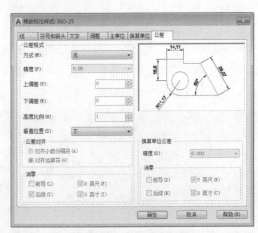

图7-22　"公差"选项卡

图 7-23 对称

图 7-24 极限偏差

图 7-25 极限尺寸

图 7-26 基本尺寸

2. 消零

该选项组用于控制是否显示公差文字的前导零和后续零。

3. 换算单位公差

该选项组用于设置换算单位公差的精度和消零。

 工程师点拨：公差选项卡

该选项卡中的"高度比例"与"文字"选项卡中的"分数高度比例"是相关联的，设置其中的任一处，另一处将会自动与之相同。

7.3 尺寸标注的类型

在AutoCAD中，系统共提供了多种尺寸标注类型，它们可以在图形中标注任意两点间的距离、圆或圆弧的半径和直径、圆心位置、圆弧或相交直线的角度等。

7.3.1 线性标注

线性标注是最基本的标注类型，它可以在图形中创建水平、垂直或倾斜的尺寸标注。线性标注有3种类型，如图7-27所示。

- 水平：标注平行于X轴的两点之间的距离。
- 垂直：标注平行于Y轴的两点之间的距离。
- 旋转：标注指定方向上两点之间的距离。

用户可以通过以下方法执行"线性"标注命令。

- 执行"标注>线性"命令。
- 在"默认"选项卡的"注释"面板中单击"线性"按钮。
- 在"注释"选项卡的"标注"面板中单击"线性"按钮。
- 在命令行中输入快捷命令DIMLINER，然后按Enter键。

执行以上任意一种操作后，命令行提示内容如下：

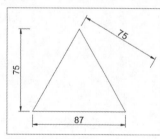

图 7-27 线性标注

```
命令：_dimlinear
指定第一个尺寸界线原点或〈选择对象〉：                                    （指定线段的一个端点）
指定第二条尺寸界线原点：                                              （指定线段的另一个端点）
创建了无关联的标注。
指定尺寸线位置或
[多行文字(M)/文字(T)/角度(A)/水平(H)/垂直(V)/旋转(R)]：
```

其中，命令行中各选项的含义介绍如下：

- 第一条尺寸界线原点：指定第一条尺寸界线的原点之后，将提示指定第二条尺寸界线的原点。
- 尺寸线位置：AutoCAD使用指定点定位尺寸线并且确定绘制尺寸界线的方向。指定位置之后，将绘制标注。
- 多行文字：显示在位文字编辑器，可用它来编辑标注文字。用尖括号（< >)表示生成的测量值。要给生成的测量值添加前缀或后缀，请在尖括号前后输入前缀或后缀。
- 文字：在命令提示下，自定义标注文字。生成的标注测量值显示在尖括号中。要包括生成的测量值，请用尖括号（< >）表示生成的测量值。如果标注样式中未打开换算单位，可以通过输入方括号（[ ]）来显示换算单位。
- 文字角度：用于设置标注文字（测量值）的旋转角度。

 工程师点拨：拾取框的应用

在"选择对象"模式下，系统只允许用拾取框选择标注对象，不支持其他方式。选择标注对象后，AutoCAD将自动把标注对象的两个端点作为尺寸界线的起点。

7.3.2 对齐标注

对齐标注是指尺寸线平行于尺寸界线原点连成的直线，它是线性标注尺寸的一种特殊形式，如图7-28所示。

用户可以通过以下方法执行"对齐"标注命令。

- 执行"标注>对齐"命令。
- 在"默认"选项卡的"注释"面板中单击"对齐"按钮。
- 在"注释"选项卡的"标注"面板中单击"对齐"按钮。
- 在命令行中输入快捷命令DIMALIGNED，然后按Enter键。

执行"对齐"标注命令后，在绘图窗口中，分别指定要标注的第一个点和第二个点，并指定好标注尺寸位置，即可完成对齐标注。

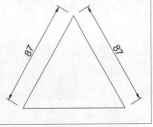

图7-28 对齐标注

执行以上任意一种操作后，命令行提示内容如下：

```
命令：_dimaligned
指定第一个尺寸界线原点或 <选择对象>:
指定第二条尺寸界线原点:
指定尺寸线位置或
[多行文字(M)/文字(T)/角度(A)]:
```

7.3.3 基线标注

基线标注是从一个标注或选定标注的基线各创建线性、角度或坐标标注。系统会使每一条新的尺寸线偏移一段距离，以避免与前一段尺寸线重合，如图7-29所示。

用户可以通过以下方法执行"基线"标注命令。

- 执行"标注>基线"命令。
- 在"注释"选项卡的"标注"面板中单击"基线"按钮。
- 在命令行中输入DIMBASELINE，然后再按Enter键。

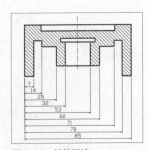

图7-29 基线标注

执行以上任意一种操作后，系统将自动指定基准标注的第一条尺寸界线作为基线标注的尺寸界线原点，然后用户根据命令行的提示指定第二条尺寸界线原点。选择第二点之后，将绘制基线标注并再次显示"指定第二条尺寸界线原点"提示。

执行以上任意一种操作后，命令行提示内容如下：

```
命令：_dimbaseline
选择基准标注：
指定第二个尺寸界线原点或 [选择(S)/放弃(U)] <选择>：
```

7.3.4 连续标注

连续标注可以创建一系列连续的线性、对齐、角度或坐标标注，每一个尺寸的第二个尺寸界线的原点是下一个尺寸的第一个尺寸界线的原点，在使用"连续标注"之前要标注的对象必须有一个尺寸标注，如图7-30所示。

通过下列方法可执行连续标注命令。

● 执行"标注>连续"命令。

● 在"注释"选项卡的"标注"面板中单击"连续"按钮 ⊬⊦。

● 在命令行中输入DIMCONTINUE，再按Enter键。

命令行提示内容如下：

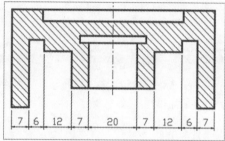

图 7-30 连续标注

```
命令：_dimcontinue
选择基准标注：
指定第二个尺寸界线原点或 [选择(S)/放弃(U)] <选择>：
```

示例7-1：为立面图添加尺寸标注。

Step 01 打开"示例7-1.dwg"素材文件，执行"格式>标注样式"命令，打开"标注样式管理器"对话框，单击"修改"按钮打开"修改标注样式"对话框，在"主单位"选项卡中设置标注精度为"0"，如图7-31所示。

Step 02 在"调整"选项卡中选择"文字始终保持在尺寸界线之间"和"若箭头不能放在尺寸界线内，则将其消除"选项，如图7-32所示。

图 7-31 "主单位"选项卡

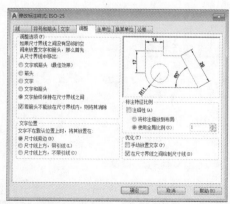

图 7-32 "调整"选项卡

Step 03 在"文字"选项卡中设置文字高度和从尺寸线偏移值，如图7-33所示。

Step 04 在"符号和箭头"选项卡中设置箭头类型为"建筑标记"，大小为20，如图7-34所示。

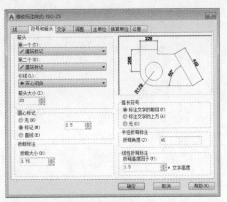

图 7-33 "文字"选项卡 　　　　　　　　图 7-34 "符号与箭头"选项卡

Step 05 在"线"选项卡中设置尺寸界线参数，具体参数如图7-35所示。

Step 06 设置完毕依次单击"确定"按钮关闭对话框，执行"标注>线性"命令，从左侧开始捕捉两点创建线性标注，如图7-36所示。

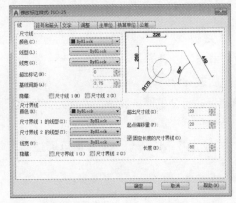

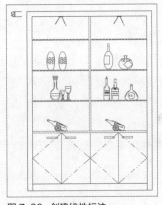

图 7-35 "线"选项卡 　　　　　　　　　图 7-36 创建线性标注

Step 07 执行"标注>连续"命令，根据提示指定第二个尺寸界线原点，如图7-37所示。

Step 08 继续向下标注出连续的内部尺寸，如图7-38所示。

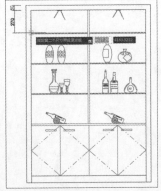

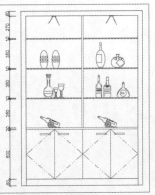

图 7-37 指定第二个尺寸界线原点 　　　图 7-38 继续标注尺寸

AutoCAD 2020 中文版基础教程

Step 09 执行"标注>线性"命令，标注出立面总高度，如图7-39所示。

Step 10 按照上述操作方法，再为立面图标注横向尺寸，如图7-40所示。

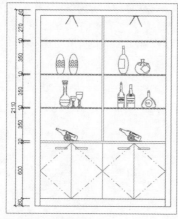

图 7-39 标注总高度

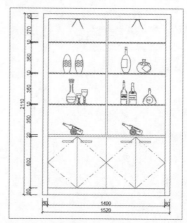

图 7-40 标注横向尺寸

7.3.5 半径 / 直径标注

半径标注主要是标注圆或圆弧的半径尺寸，如图7-41所示。用户可以通过以下方法执行"半径"标注命令。

● 执行"标注>半径"命令。

● 在"注释"选项卡的"标注"面板中单击"半径"按钮。

● 在命令行中输入快捷命令DIMRADIUS，然后按Enter键。

执行"半径"标注命令后，在绘图窗口中选择所需标注的圆或圆弧，并指定好标注尺寸位置，即可完成半径标注。

直径标注主要用于标注圆或圆弧的直径尺寸，如图7-42所示。用户可以通过以下方法执行"直径"标注命令。

● 执行"标注>直径"命令。

● 在"注释"选项卡的"标注"面板中单击"直径"按钮。

● 在命令行中输入快捷命令DIMDIAMETER，然后按Enter键。

执行"直径"标注命令后，在绘图窗口中，选择要进行标注的圆或圆弧，并指定尺寸标注位置，即可创建出直径标注。

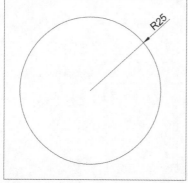

图 7-41 半径标注

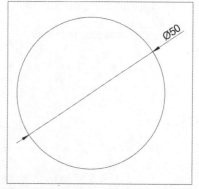

图 7-42 直径标注

工程师点拨：尺寸变量 DIMFIT 取值

当尺寸变量DIMFIT取默认值3时，半径和直径的尺寸线标注在圆外；当尺寸变量DIMFIT的值设置为0时，半径和直径的尺寸线标注在圆内。

7.3.6　圆心标记

在AutoCAD 2020中有两种标记圆心的方法，分别是老版本中的"圆心标记"功能以及新版本中的智能"圆心标记"功能，二者皆是对圆或圆弧进行中心标注。

1. 老版"圆心标记"

用户可以通过以下方法执行"圆心标记"命令。

● 执行"标注>圆心标记"命令。

● 在命令行中输入DIMCENTER，然后按Enter键。

在绘图窗口中选择圆弧或圆形，此时在圆心位置将自动显示圆心十字标识，其大小可通过"标注样式"进行调整，可以点、标记、直线三种样式显示，标记和直线样式效果如图7-43、7-44所示。

2. 智能"圆心标记"

用户可以通过以下方法执行智能"圆心标记"命令。

● 在"注释"选项卡的"中心线"面板中单击"圆心标记"按钮⊞。

● 在命令行中输入CENTERMARK，然后按Enter键。

在绘图窗口中选择圆弧或圆形，此时在圆上将自动显示圆的中心线，中心线的端点超出圆或圆弧3.5mm，如图7-45所示。

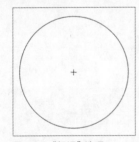

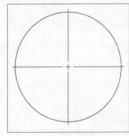

图 7-43 "标记"选项　　　　　图 7-44 "直线"选项　　　　　图 7-45 中心线

7.3.7 角度标注

角度标注用于标注圆和圆弧的角度、两条非平行线之间的夹角或者不共线的三点之间的夹角，如图7-46、7-47所示。

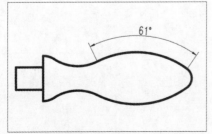

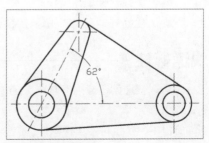

图 7-46 圆弧角度标注　　　　　　　图 7-47 夹角角度标注

在AutoCAD中，用户可以通过以下方法执行"角度"标注命令。

- 执行"标注>角度"命令。
- 在"注释"选项卡的"标注"面板中单击"角度"按钮。
- 在命令行中输入快捷命令DIMANGULAR，然后按Enter键。

执行以上任意一种操作后，命令行提示内容如下：

```
命令：_dimangular
选择圆弧、圆、直线或〈指定顶点〉：
```

- 选择圆弧：使用选定圆弧上的点作为三点角度标注的定义点。圆弧的圆心是角度的顶点。圆弧端点成为尺寸界线的原点。
- 选择圆：系统自动把该拾取点作为角度标注的第二条尺寸界线的起始点。
- 选择直线：用两条直线定义角度。程序通过将每条直线作为角度的矢量，将直线的交点作为角度顶点来确定角度。尺寸线跨越这两条直线之间的角度。如果尺寸线与被标注的直线不相交，将根据需要添加尺寸界线，以延长一条或两条直线。圆弧总是小于180°。
- 指定三点：创建基于指定三点的标注。角度顶点可以同时为一个角度端点。如果需要尺寸界线，那么角度端点可用作尺寸界线的原点。

7.3.8 坐标标注

在绘图过程中，绘制的图形并不能直接观察出点的坐标，那么就需要使用坐标标注，坐标标注主要是标注指定点的X坐标或者Y坐标。

用户可以通过以下方法执行"坐标"标注命令。

- 执行"标注>坐标"命令。
- 在"注释"选项卡的"标注"面板中单击"坐标"按钮。
- 在命令行中输入快捷命令DIMORDINATE，然后按Enter键。

执行以上任意一种操作后，命令行提示内容如下：

```
命令：_dimordinate
指定点坐标：
指定引线端点或 [X 基准(X)/Y 基准(Y)/多行文字(M)/文字(T)/角度(A)]：
标注文字 = 1720
```

其中，命令行中主要选项含义介绍如下：

- 指定引线端点：使用点坐标和引线端点的坐标差可确定其是 X 坐标标注还是 Y 坐标标注。如果 Y 坐标的坐标差较大，标注就测量 X 坐标。否则就测量 Y 坐标。
- X 基准：测量 X 坐标并确定引线和标注文字的方向。
- Y 基准：测量 Y 坐标并确定引线和标注文字的方向。

7.3.9 快速标注

使用快速标注可以快速创建成组的基线、连续、阶梯和坐标标注，快速标注多个圆、圆弧及编辑现有标注的布局。

用户可以通过以下方法执行"快速标注"命令。

- 执行"标注>快速标注"命令。
- 在"注释"选项卡的"标注"面板中单击"快速标注"按钮⬚。
- 在命令行中输入QDIM，然后按Enter键。

执行以上任意一种操作后，命令行提示内容如下：

```
命令：_qdim
选择要标注的几何图形：
指定尺寸线位置或 ［连续(C)/并列(S)/基线(B)/坐标(O)/半径(R)/直径(D)/基准点(P)/编辑(E)/设置(T)］〈连续〉：
```

其中，命令行中各选项的含义介绍如下：

- 连续：创建一系列连续标注，其中线性标注线端对端地沿同一条直线排列。
- 并列：创建一系列并列标注，其中线性尺寸线以恒定的增量相互偏移。
- 基线：创建一系列基线标注，其中线性标注共享一条公用尺寸界线。
- 半径：创建一系列半径标注，其中将显示选定圆弧和圆的半径值。
- 直径：创建一系列直径标注，其中将显示选定圆弧和圆的直径值。
- 基准点：为基线和坐标标注设置新的基准点。
- 编辑：在生成标注之前，删除出于各种考虑而选定的点位置。

7.3.10　智能中心线

智能"中心线"命令主要用于创建与选定直线和多段线关联的指定线型的中心线几何图形。使用该命令可以快速创建平行线的中心线或相交直线的角平分线，如图7-48、7-49所示。

用户可以通过以下方法执行"中心线"命令。

- 在"注释"选项卡的"中心线"面板中单击"中心线"按钮☰。
- 在命令行中输入CENTERLINE，然后按Enter键。

图 7-48 中心线

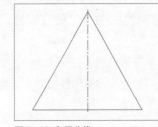

图 7-49 角平分线

⊹ 7.4　引线

引线对象是一条线或样条曲线，其一端带有箭头或设置没有箭头，另一端带有多行文字对象或块。多重引线标注命令常用于对图形中的某些特定对象进行说明，使图形表达更清楚。

7.4.1　多重引线样式

在为AutoCAD图形添加多重引线时，单一的引线样式往往不能满足设计的要求，这就需要预先定义新的引线样式，即指定基线、引线、箭头和注释内容的格式，用于控制多重引线对象的外观。

在AutoCAD中，通过"标注样式管理器"对话框可创建并设置多重引线样式，用户可以通过以下

AutoCAD 2020 中文版基础教程

方法调出该对话框。

- 执行"格式>多重引线样式"命令。
- 在"默认"选项卡的"注释"面板中单击"多重引线样式"按钮 。
- 在"注释"选项卡的"引线"面板中单击右下角箭头 。
- 在命令行中输入MLEADERSTYLE命令。

执行以上任意一种操作后，可打开如图7-50所示的"多重引线样式管理器"对话框，如图7-66所示。单击"新建"按钮，打开"创建新多重引线样式"对话框，从中输入样式名并选择基础样式，如图7-51所示。单击"继续"按钮，即可在打开的"修改多重引线样式"对话框中对各选项卡进行详细的设置。

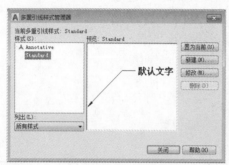

图7-50 "多重引线样式管理器"对话框

图7-51 输入新样式名

1. 引线格式

在"修改多重引线样式"对话框中，"引线格式"选项卡用于设置引线的类型及箭头的形状，如图7-52所示。其中各选项组的作用如下：

- 常规：主要用来设置引线的类型、颜色、线型、线宽。其中在下拉列表中可以选择直线、样条曲线或无选项；
- 箭头：主要用来设置箭头符号和大小；
- 引线打断：主要用来设置引线打断大小参数。

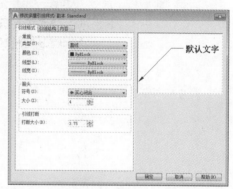

图7-52 "引线格式"选项卡

2. 引线结构

在"引线结构"选项卡中可以设置引线的段数、引线每一段的倾斜角度及引线的显示属性，如图7-53所示。其中各选项组的作用如下：

- 约束：该选项组中启用相应的复选框可指定点数目和角度值；
- 基线设置：可以指定是否自动包含基线及多重引线的固定距离；
- 比例：启用相应的复选框或选择相应单选按钮，可以确定引线比例的显示方式。

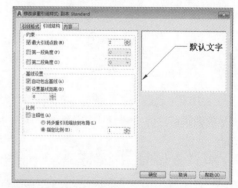

图7-53 "引线结构"选项卡

3. 内容

在"内容"选项卡中，主要用来设置引线标注的文字属性，如图7-54所示。在引线中既可以标注多行文字，也可以在其中插入块，这两个类型的内容主要通过"多重引线类型"下拉列表来切换。

（1）多行文字

选择该选项后，则选项卡中各选项用来设置文字的属性，这方面与"文字样式"对话框基本类似，如图7-55所示。然后单击"文字选项"选项组中"文字样式"列表框右侧的按钮 ，可直接访问"文字样式"对话框。其中"引线连接"选项组，用于控制多重引线的引线连接设置。引线可以水平或垂直连接。

（2）块

选择"块"选项后，即可在"源块"列表框中指定块内容，并在"附着"列表框中指定块的中心范围或插入点，还可以在"颜色"列表框中指定多重引线块内容颜色，如图7-55所示。

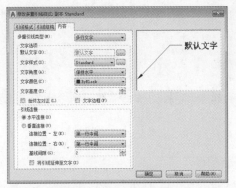

图 7-54 引线类型为"多行文字"选项

图 7-55 引线类型为"块"选项

7.4.2 创建多重引线

设置好引线样式后就可以创建引线标注了，用户可以通过以下方式调用"多重引线"命令：

● 执行"标注">"多重引线"命令。
● 在"默认"选项卡"注释"面板中单击"引线"按钮 。
● 在"注释"选项卡"引线"面板中单击"多重引线"按钮 。
● 在命令行输入MLEADER命令并按回车键。

执行以上任意一种操作后，命令行提示内容如下：

```
命令：_mleader
指定引线箭头的位置或 [引线基线优先(L)/内容优先(C)/选项(O)] <选项>：
指定引线基线的位置：
```

7.4.3 添加/删除引线

如果创建的引线还未达到要求，用户需要对其进行编辑操作，在AutoCAD中，可以在"多重引线"选项板中编辑多重引线，还可以利用菜单命令或者"注释"选项卡"引线"面板中的按钮进行编辑操作。

用户可以通过以下方式调用编辑多重引线命令：

● 执行"修改">"对象">"多重引线"命令的子菜单命令。
● 在"默认"选项卡"注释"面板中，单击"引线"按钮右侧的下拉按钮，从中选择相应的编辑方式，如图7-56所示。

- 在"注释"选项卡"引线"面板中，单击相应的按钮。

编辑多重引线的命令包括添加引线、删除引线、对齐和合并四个选项。下面具体介绍各选项的含义：

- 添加引线：在一条引线的基础上添加另一条引线，且标注是同一个。
- 删除引线：将选定的引线删除。
- 对齐：将选定的引线对象对齐并按一定间距排列。
- 合并：将包含块的选定多重引线组织到行或列中，并使用单引线显示出结果。

命令行提示内容如下：

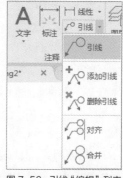

图7-56 引线"编辑"列表

```
命令：
选择多重引线：
找到 1 个
指定引线箭头位置或 [ 删除引线 (R)]：
```

若想删除多余的引线标注，用户可使用"注释>标注>删除引线"命令，根据命令行中的提示，选择需删除的引线，按回车键即可。

7.4.4 对齐引线

有时创建好的引线长短不一，使得画面不太美观。此时用户可使用"对齐引线"功能，将这些引线注释进行对齐操作。

执行"注释>引线>对齐引线▣"命令，根据命令行提示，选中所有需对齐的引线标注，其后选择需要对齐到的引线标注，并指定好对齐方向即可。

7.5 形位公差

下面将为用户介绍公差标注，其中包括符号表示、使用对话框标注公差等内容。

7.5.1 形位公差的符号表示

在AutoCAD中，可通过特征控制框来显示形位公差信息，如图形的形状、轮廓、方向、位置和跳动的偏差等。下面将介绍几种常用公差符号，如表7-1所示。

表7-1 公差符号

符 号	含 义	符 号	含 义
⊕	定位	▱	平坦度
◎	同心 / 同轴	○	圆或圆度
÷	对称	—	直线度
//	平行	⌒	平面轮廓
⊥	垂直	⌒	直线轮廓
∠	角	⚡	圆跳动
⌀	柱面性	⚡⚡	全跳动

符　号	含　义	符　号	含　义
Ⓛ 直径		Ⓛ	最小包容条件（LMC）
Ⓟ	投影公差	Ⓢ	不考虑特征尺寸（RFS）
Ⓜ	最大包容条件（MMC）		

7.5.2　使用对话框标注形位公差

在AutoCAD中，用户可以通过以下方法执行"公差"标注命令。

● 执行"标注>公差"命令。

● 在"注释"选项卡的"标注"面板中单击"公差"按钮 ⊞。

● 在命令行中输入快捷命令TOLERANCE，然后按Enter键。

执行"公差"标注命令后，系统将打开"形位公差"对话框，如图7-57所示。

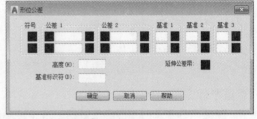

图7-57　"形位公差"对话框

该对话框中各选项的功能介绍如下：

1. 符号

该选项组用于显示从"特征符号"对话框中选择的几何特征符号。选择一个"符号"框时，显示该对话框，如图7-58所示。

2. 公差1

该选项组用于创建特征控制框中的第一个公差值。公差值指明了几何特征相对于精确形状的允许偏差量。可在公差值前插入直径符号，在其后插入包容条件符号。

● 第一个框：在公差值前面插入直径符号。单击该框插入直径符号。

● 第二个框：创建公差值。在框中输入值。

● 第三个框：显示"附加符号"对话框，从中选择修饰符号，如图7-59所示。这些符号可以作为几何特征和大小可改变的特征公差值的修饰符。在"形位公差"对话框中，将符号插入到的第一个公差值的"附加符号"框中。

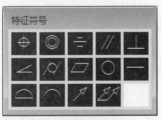

图7-58　"特征符号"对话框

图7-59　"附加符号"对话框

3. 公差2

该选项组用于在特征控制框中创建第二个公差值。以与第一个相同的方式指定第二个公差值。

4. 基准1

该选项组用于在特征控制框中创建第一级基准参照。基准参照由值和修饰符号组成。基准是理论上精确的几何参照，用于建立特征的公差带。其中，第一个框用于创建基准参照值。第二个框用于显示

"附加符号"对话框，从中选择修饰符号。这些符号可以作为基准参照的修饰符。在"形位公差"对话框中，将符号插入到的第一级基准参照的"附加符号"框中。

5. 基准2

在特征控制框中创建第二级基准参照，方式与创建第一级基准参照相同。

6. 基准3

在特征控制框中创建第三级基准参照，方式与创建第一级基准参照相同。

7. 高度

创建特征控制框中的投影公差零值。投影公差带控制固定垂直部分延伸区的高度变化，并以位置公差控制公差精度。

8. 延伸公差带

在延伸公差带值的后面插入延伸公差带符号。

9. 基准标识符

创建由参照字母组成的基准标识符。基准是理论上精确的几何参照，用于建立其他特征的位置和公差带。点、直线、平面、圆柱或者其他几何图形都能作为基准。

示例7-2：为机械图形添加公差标注。

Step 01 打开"示例7-2.dwg"素材文件，可以看到已经绘制好的机械零件剖面图，如图7-60所示。

Step 02 执行"标注>公差"标注命令，打开"形位公差"对话框，单击"符号"选项组下的第一个黑色方框，如图7-61所示。

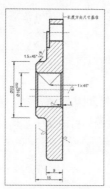

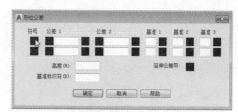

图 7-60 打开素材文件　　图 7-61 单击"符号"

Step 03 打开"特征符号"面板，选择"垂直"符号，如图7-62所示。

Step 04 返回"形位公差"对话框，在"公差1"选项组的第一排文本框中输入0.01，在"公差2"选项组的第一排文本框中输入"A"，如图7-63所示。

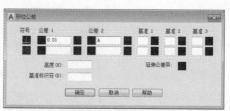

图 7-62 选择"垂直"符号　　图 7-63 输入"垂直"公差值

Step 05 单击"符号"选项组下的第二个黑色方框，打开"特征符号"面板，从中选择"平坦度"符号 ▱，如图7-64所示。

Step 06 返回"形位公差"对话框，在"公差1"选项组的第二排文本框中输入平坦度值0.015，如图7-65所示。

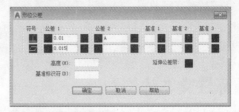

图 7-64　选择"平坦度"符号　　图 7-65　输入平坦度值

Step 07 单击"确定"按钮关闭"形位公差"对话框，在绘图区的图纸中指定行为公差标注的位置，如图7-66所示。

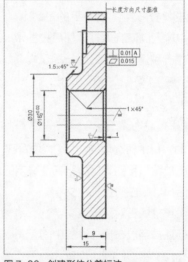

图 7-66　创建形位公差标注

工程师点拨：公差命令

用公差命令标注形位公差不能绘制引线，必须用引线命令绘制引线。另外一种解决方法是使用引线命令直接标注形位公差，操作时在"引线设置"对话框中将"注释类型"设置为"公差"，然后单击"确定"按钮，弹出"形位公差"对话框，便可标注形位公差。

✛ 7.6　编辑标注对象

下面将为用户介绍标注对象的编辑方法，包括编辑标注、替代标注、更新标注等内容。

7.6.1　编辑标注 ◄───────────────────

使用编辑标注命令可以改变尺寸文本，或者强制尺寸界线旋转一定的角度。在命令行中输入快捷命令 DED并按Enter键，根据命令提示选择需要编辑的标注，即可进行编辑标注操作。命令行提示内容如下：

```
命令：DED
DIMEDIT
输入标注编辑类型 [ 默认 (H)/ 新建 (N)/ 旋转 (R)/ 倾斜 (O)] <默认 >：
```

- 默认：将旋转标注文字移回默认位置。选定的标注文字移回到由标注样式指定的默认位置和旋转角。
- 新建：使用在位文字编辑器更改标注文字。
- 旋转：用于旋转指定对象中的标注文字，选择该项后系统将提示用户指定旋转角度，如果输入0则把标注文字按缺省方向放置。
- 倾斜：调整线性标注尺寸界线的倾斜角度，选择该项后系统将提示用户选择对象并指定倾斜角度。当尺寸界线与图形的其他要素冲突时，"倾斜"选项将很有用处。

7.6.2 编辑标注文本的位置

编辑标注文字命令可以改变标注文字的位置或是放置标注文字。通过下列方法可执行编辑标注文字命令。

- 执行"标注>对齐文字"命令下的子命令。
- 在命令行中输入DIMTEDIT，然后按Enter键。

执行以上任意一种操作后，命令行提示内容如下：

```
命令：DIMTEDIT
选择标注：
为标注文字指定新位置或 [ 左对齐 (L)/ 右对齐 (R)/ 居中 (C)/ 默认 (H)/ 角度 (A)]：
```

其中，上述命令行中各选项的含义介绍如下：
- 标注文字的位置：移动光标更新标注文字的位置。
- 左对齐：沿尺寸线左对正标注文字。
- 右对齐：沿尺寸线右对正标注文字。
- 居中：将标注文字放在尺寸线的中间。
- 默认：将标注文字移回默认位置。
- 角度：修改标注文字的角度。文字的圆心并没有改变。

7.6.3 替代标注

当少数尺寸标注与其他大多数尺寸标注在样式上有差别时，若不想创建新的标注样式，可以创建标注样式替代。

在"标注样式管理器"对话框中，单击"替代"按钮，打开"替代当前样式"对话框，如7-67所示。从中可对所需的参数进行设置，然后单击"确定"按钮即可。返回到上一对话框，在"样式"列表中显示了"样式替代"，如图7-68所示。

图 7-67 "替代当前样式"对话框

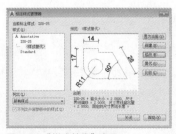

图 7-68 "样式替代"选项

7.6.4　更新标注

在标注建筑图形中，用户可以使用更新标注功能，使其采用当前的尺寸标注样式。通过以下方法可调用更新尺寸标注命令。

- 执行"标注>更新"命令。
- 在"注释"选项卡的"标注"面板中单击"更新"按钮 。

7.7　尺寸标注的关联性

下面将为用户介绍尺寸标注的关联性，包括设置关联标注模式、重新关联、查看尺寸标注的关联关系等。

7.7.1　设置关联标注模式

在AutoCAD中，尺寸标注的各组成元素之间的关系有两种，一种是所有组成元素构成一个块实体，另一种是各组成元素构成各自的单独实体。

作为一个块实体的尺寸标注与所标注对象之间的关系也有两种，一种是关联标注，一种是无关联标注。在关联标注模式下，尺寸标注随被标注对象的变化而自动改变。

AutoCAD用系统变量DIMASSOC来控制尺寸标注的关联性。DIMASSOC=2，为关联性标注；DIMASSOC=1，为无关联性标注；DIMASSOC=0，为分解的尺寸标注，即各组成元素构成了单独的实体。

7.7.2　重新关联

在AutoCAD中，用户可以通过以下方法执行"重新关联标注"命令。

- 执行"标注>重新关联标注"命令。
- 在"注释"选项卡的"标注"面板中单击"重新关联"按钮 。
- 在命令行中输入DIMREASSOCLATE，然后按Enter键。

在状态栏中单击"注释监测器"按钮 ，可跟踪关联标注，并亮显任何无效的或解除关联的标注。

7.7.3　查看尺寸标注的关联关系

选择尺寸标注，打开"特性"选项板，可查看尺寸标注的关联关系。在"特性"选项板的"常规"展卷栏中，有一个关联项，如果是关联性尺寸标注，其后显示"是"，如果是非关联尺寸标注，显示"否"，如果是分解的尺寸标注，则没有关联项，如图7-69所示。

图7-69　尺寸标注的关联

✛ 上机实践 | 为栏杆立面图添加尺寸标注

✛ **实践目的**	帮助用户掌握尺寸标注样式的创建与管理，以及各类尺寸标注的标注方法。
✛ **实践内容**	应用本章所学的知识在为图形添加尺寸标注。
✛ **实践步骤**	首先打开所需的图形文件，然后新建尺寸标注样式，最后运用尺寸标注命令对图形进行标注，具体操作介绍如下：

Step 01 打开"实例文件\07\上机实践.dwg"素材文件，如图7-70所示。

Step 02 执行"格式>标注样式"命令，打开"标注样式管理器"对话框。单击"新建"按钮，打开相应的对话框，输入新样式名，如图7-71所示。

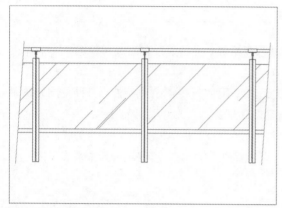

图 7-70 打开素材文件

图 7-71 新建标注样式

Step 03 单击"继续"按钮打开"新建标注样式"对话框，在"文字"选项卡中设置文字高度为40，从尺寸线偏移5，如图7-72所示。

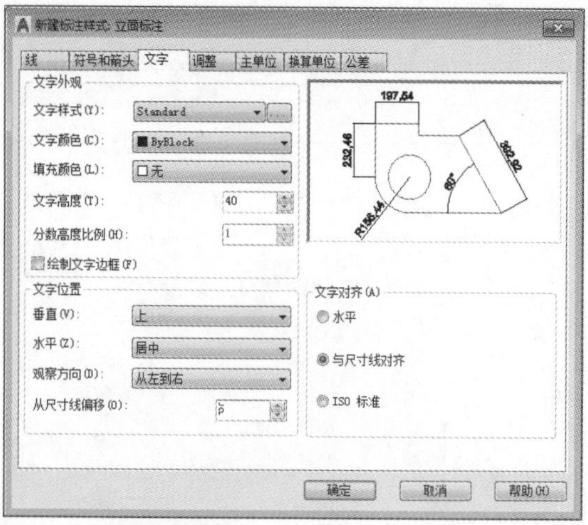

Step 04 在"符号和箭头"选项卡中设置箭头样式为"建筑标记"，箭头大小为20，如图7-73所示。

图 7-72 设置"文字"参数

图 7-73 设置"符号和箭头"参数

Step 05 在"线"选项卡中设置超出尺寸线20，起点偏移量设置为20，勾选"固定长度的尺寸界线"复选框，并设置长度为70，如图7-74所示。

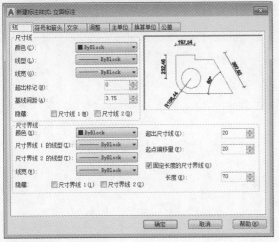

图 7-74 设置"线"参数

Step 07 在"主单位"选项卡中设置线性标注的单位格式为"小数"，精度为0，如图7-76所示。

Step 06 在"调整"选项卡中选择"文字始终保持在尺寸界线之间"和"若箭头不能放在尺寸界线内，则将其消除"选项，如图7-75所示。

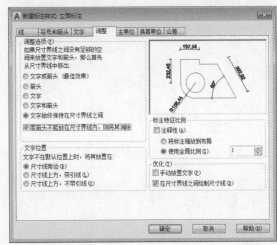

图 7-75 设置"调整"参数

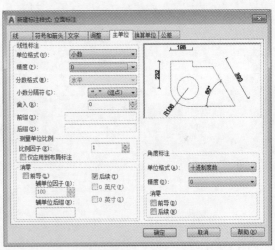

图 7-76 设置"主单位"精度

Step 08 设置完毕后单击"确定"按钮返回到"标注样式管理器"对话框，单击"关闭"按钮，执行"标注>线性"命令，在绘图区中为栏杆立面图标注一个横向尺寸，如图7-77所示。

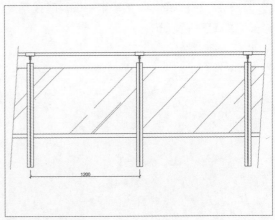

图 7-77 线性标注

Step 09 执行"标注>连续"命令，继续完成横向的尺寸标注，如图7-78所示。

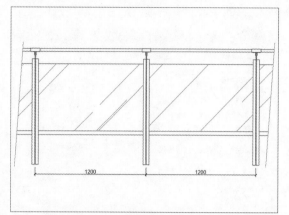

图 7-78 连续标注

Step 11 执行"格式>多重引线样式"命令，打开"多重引线样式管理器"对话框，单击"新建"按钮打开"创建新多重引线样式"对话框，并输入新样式名，如图7-80所示。

图 7-80 新建样式

Step 13 在"引线结构"选项卡中设置基线距离为80，如图7-82所示。

Step 10 照此操作方法创建立面标注，如图7-79所示。

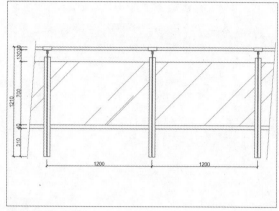

图 7-79 立面标注

Step 12 单击"继续"按钮，打开"修改多重引线样式"对话框，在"内容"选项卡中设置文字高度为40，基线间隙为20，如图7-81所示。

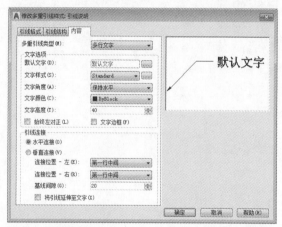

图 7-81 设置文字参数

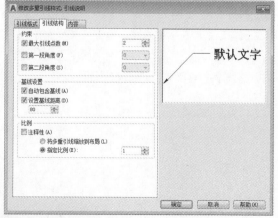

图 7-82 设置基线距离

Step 14 在"引线格式"选项卡中设置箭头大小为25，结果如图7-83所示。

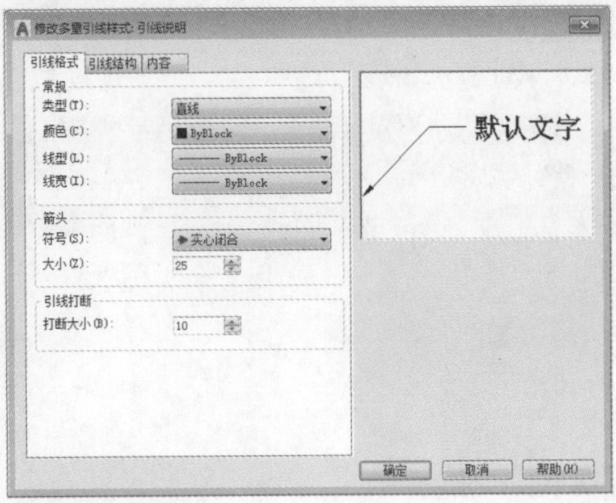

图 7-83 设置箭头大小

Step 15 执行"标注>多重引线"命令，为立面图添加引线标注，如图7-84所示。

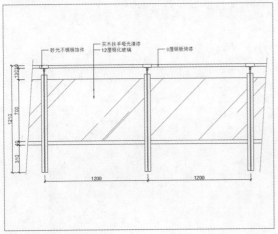

图 7-84 创建引线标注

Step 16 执行"绘图>直线"命令，绘制剖切线，如图7-85所示。

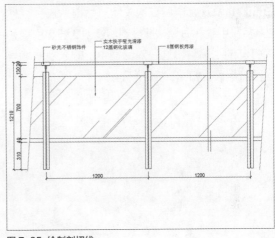

图 7-85 绘制剖切线

Step 17 再次打开"多重引线样式"管理器，新建"剖切"多重引线样式，如图7-86所示。

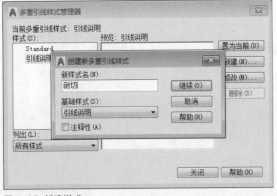

图 7-86 新建样式

Step 18 在"内容"选项卡中设置多重引线类型为"块"，设置块比例为10，如图7-87所示。

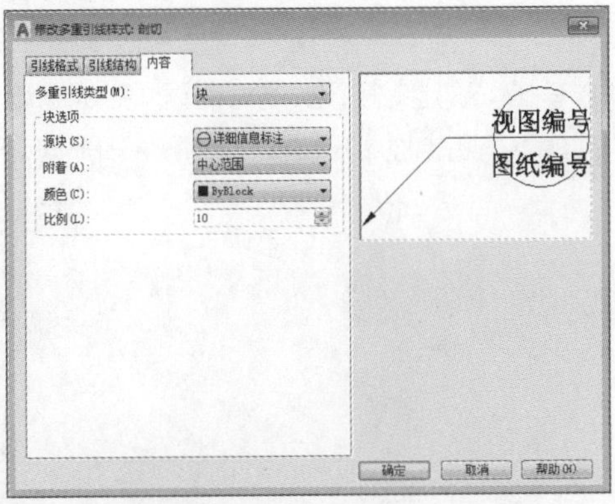

图 7-87 设置多重引线类型

Step 19 在"引线结构"选项卡中设置基线距离为10，如图7-88所示。

Step 20 在"引线格式"选项卡中设置箭头符号类型为"无"，如图7-89所示。

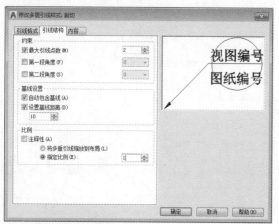

图 7-88 设置基线长度

图 7-89 设置箭头类型

Step 21 设置完毕后依次关闭对话框，执行"标注>多重引线"命令，捕捉剖切线创建多重引线，在打开的"编辑属性"对话框中，输入视图编号和图纸编号，如图7-90所示。

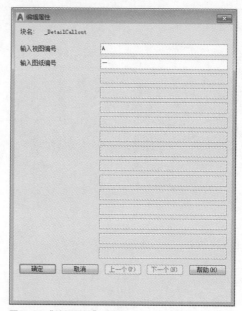

图 7-90 "编辑属性"对话框

Step 22 单击"确定"按钮关闭对话框，完成剖切符号的创建，至此完成本次操作，如图7-91所示。

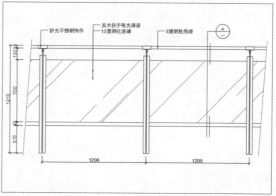

图 7-91 完成操作

课后练习

本章主要介绍了各种尺寸标注的概念、用途以及标注方法。熟练掌握尺寸标注，在绘图中是十分必要的。

一、填空题

1、想要标注倾斜直线的实际长度，应该使用_____命令。

2、在工程制图时，一个完整的尺寸标注应该由_____、尺寸线、箭头和尺寸数字4个要素组成。

3、在标注建筑图形中，用户可以使用_____功能，使其采用当前的尺寸标注样式。

二、选择题

1、在AutoCAD中，用于设置尺寸界线超出尺寸线的变量是（　　）。

  A. DIMCLRE   B. DIMEXE   C. DIMLWE   D. DIMXO

2、当图形中只有两个端点时，不能执行"快速标注"命令过程中的（　　）选项。

  A、编辑中的添加   B、编辑中指定要删除的标注点

  C、连续   D、相交

3、下面不属于基本标注类型的标注是（　　）。

  A、对齐标注   B、基线标注   C、快速标注   D、线性标注

4、直径标注的快捷键是（　　）。

  A、DOC   B、DLI   C、DDI   D、DIM

5、使用"快速标注"命令标注圆或圆弧时，不能自动标注哪个选项（　　）。

  A、半径   B、基线   C、圆心   D、直径

三、操作题

1、使用标注命令，为机械零件图添加尺寸标注，如图7-92所示。

2、使用标注及引线命令，对立面图进行尺寸标注和引线标注，如图7-93所示。

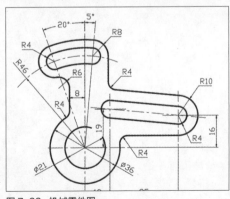

图 7-92 机械零件图

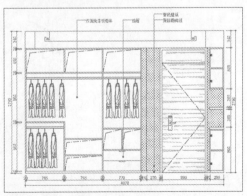

图 7-93 标注立面图

Chapter 08 绘制三维模型

课题概述 使用AutoCAD创建三维模型需要在三维建模空间中进行，与传统的二维草图空间相比，三维建模空间可以看作坐标系的Z轴，三维实体模型则可以还原真实的模型效果。

教学目标 熟悉并掌握三维绘图的基础知识，如三维视图、坐标系、视觉样式的使用，以及三维实体的绘制，由二维图形生成三维实体的方法等内容。

章节重点

★★★★ 二维图形生成三维图形
★★★★ 绘制三维实体、布尔运算
★★★☆ 设置视觉样式
★★☆☆ 三维绘图基础
★☆☆☆ 系统变量

光盘路径

上机实践： 实例文件\第8章\上机实践：绘制底座模型
课后练习： 实例文件\第8章\课后练习

8.1 三维绘图基础

使用AutoCAD进行三维模型的绘制时，首先要掌握三维绘图的基础知识，如三维视图、三维坐标系和动态UCS等，然后才能快速、准确地完成三维模型的绘制。

在开始绘制三维模型之前，首先应将工作空间切换为"三维建模"工作空间，如图8-1所示。

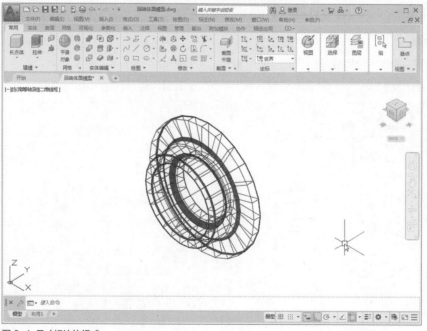

图 8-1 尺寸标注的组成

用户可以通过以下方法切换工作空间。

● 执行"工具>工作空间>三维建模"命令，即可切换至"三维建模"工作空间。

- 单击快速访问工具栏中的"工作空间"下拉按钮 ⚙草图与注释 ▾ ，在打开的下拉列表中选择"三维建模"选项，即可切换至"三维建模"工作空间。
- 单击状态栏中的"切换工作空间"按钮 ⚙ ，在弹出的快捷菜单中选择"三维建模"选项，即可切换至"三维建模"工作空间。

8.1.1 设置三维视图

绘制三维模型时，由于模型有多个面，仅从一个角度不能观看到模型的其他面，因此，应根据情况选择相应的观察点。三维视图样式有多种，其中包括俯视、仰视、左视、右视、前视、后视、西南等轴测、东南等轴测、东北等轴测和西北等轴测。

在AutoCAD中，用户可以通过以下方法设置三维视图。

- 执行"视图">"三维视图"命令中的子命令。
- 在"常用"选项卡的"视图"面板中单击"三维导航"下拉按钮，在打开的下拉列表中选择相应的视图选项。
- 在"可视化"选项卡的"命名视图"面板中单击"三维导航"下拉按钮，选择相应的视图选项。
- 在绘图窗口左上角单击"视图控件"图标，并在打开的列表中选择相应的视图选项，如图8-2、8-3所示。

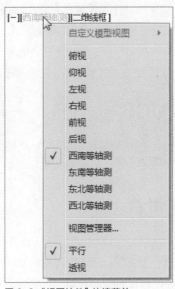

图 8-2 "三维导航"下拉列表   图 8-3 "视图控件"快捷菜单

8.1.2 三维坐标系

三维坐标分为世界坐标系和用户坐标系两种。其中世界坐标系则为系统默认坐标系，它的坐标原点和方向为固定不变的。用户坐标系则可根据绘图需求，改变坐标原点和方向，使用起来较为灵活。

在AutoCAD中，使用UCS命令可创建用户坐标系。用户可以通过以下方法调用UCS命令。

- 执行"工具>新建UCS"命令中的子命令。
- 在"常用"选项卡的"坐标"面板中单击相关新建UCS按钮。
- 在命令行中输入UCS，然后按Enter键。

执行以上任意一种操作后，命令行提示内容如下。

```
命令：UCS
指定 UCS 的原点或 ［面(F)/命名(NA)/对象(OB)/上一个(P)/视图(V)/世界(W)/X/Y/Z/Z 轴(ZA)] <世界>：
指定 X 轴上的点或 <接受>：
```

在命令行中，各选项的含义介绍如下。

- 指定UCS的原点：使用一点、两点或三点定义一个新的UCS。指定单个点后，命令提示行将提示"指定X轴上的点或<接受>："，此时，按Enter键选择"接受"选项，当前UCS的原点将会移动而不会更改X、Y和Z轴的方向；如果在此提示下指定第二个点，UCS将绕先前指定的原点旋转，以使UCS的X正半轴通过该点；如果指定第三点，UCS将绕X轴旋转，以使UCS的Y的正半轴包含该点。
- 面：用于将UCS与三维对象的选定面对齐，UCS的X轴将与找到的第一个面上最近的边对齐。
- 命名：按名称保存并恢复通常使用的UCS坐标系。
- 对象：根据选定的三维对象定义新的坐标系。新UCS的拉伸方向为选定对象的方向。此选项不能用于三维多段线、三维网格和构造线。
- 上一个：恢复上一个UCS坐标系。程序会保留在图纸空间中创建的最后10个坐标系和在模型空间中创建的最后10个坐标系。
- 视图：以平行于屏幕的平面为XY平面建立新的坐标系，UCS原点保持不变。
- 世界：将当前用户坐标系设置为世界坐标系。UCS是所有用户坐标系的基准，不能被重新定义。
- X/Y/Z：绕指定的轴旋转当前UCS坐标系。通过指定原点和正半轴绕X、Y或Z轴旋转。
- Z轴：用指定的Z的正半轴定义新的坐标系。选择该选项后，可以指定新原点和位于新建Z轴正半轴上的点；或选择一个对象，将Z轴与离选定对象最近的端点的切线方向对齐。

8.1.3 动态 UCS

使用动态UCS功能，可以再创建对象时使UCS的XY平面自动与实体模型上的平面临时对齐。在状态栏中单击"开/关动态UCS"按钮，即将UCS捕捉到活动实体平面。

8.2 视觉样式

在等轴测视图中绘制三维模型时，默认状况下是以线框方式显示的。用户可以使用多种不同的视图样式来观察三维模型，如概念、真实、隐藏、着色等。通过以下方法可执行视觉样式命令。

- 执行"视图>视觉样式"命令中的子命令。
- 在"常用"选项卡的"视图"面板中单击"视觉样式"下拉按钮，在打开的下拉列表中选择相应的视觉样式选项即可。
- 在"可视化"选项卡的"视觉样式"面板中单击"视觉样式"下拉按钮，在打开的下拉列表中选择相应的视觉样式选项即可。
- 在绘图窗口中单击"视图样式"图标，在打开的快捷菜单中选择相应的视图样式选项即可。

1. 二维线框样式

二维线框视觉样式使用表现实体边界的直线和曲线来显示三维对象。在该模式中，光栅和嵌入对象、线型及线宽均是可见的，并且线与线之间都是重复叠加的，如图8-4所示。

2. 概念样式

概念视觉样式显示着色后的多边形平面间的对象，并使对象的边平滑化。该视觉样式缺乏真实感，但可以方便用户查看模型的细节，如图8-5所示。

3. 真实样式

真实视觉样式显示着色后的多边形平面间的对象，对可见的表面提供平滑的颜色过渡，其表达效果进一步提高，同时显示已经附着到对象上的材质效果，如图8-6所示。

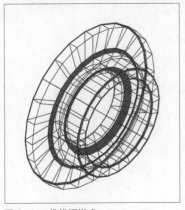

图 8-4 二维线框样式

图 8-5 概念样式

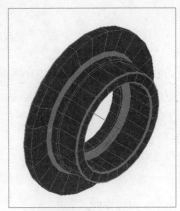

图 8-6 真实样式

4. 隐藏样式

隐藏视觉样式与"概念"视觉样式相似，但是概念样式是以灰度显示，并略带有阴影光线；而隐藏样式则以白色显示，如图8-7所示。

5. 着色

着色视觉样式可使实体产生平滑的着色模型，如图8-8所示。

6. 带边缘着色样式

带边缘着色视觉样式可以使用平滑着色和可见边显示对象，如图8-9所示。

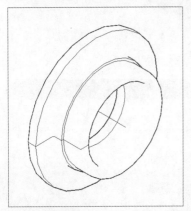

图 8-7 隐藏样式

图 8-8 着色样式

图 8-9 带边缘着色样式

7. 灰度样式

灰度视觉样式使用平滑着色和单色灰度显示对象，如图8-10所示。

8. 勾画样式

勾画视觉样式使用线延伸和抖动边修改器显示手绘效果的对象，如图8-11所示。

图 8-10 灰度样式

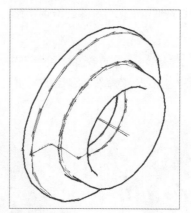

图 8-11 勾画样式

9. 线框样式

线框视觉样式通过使用直线和曲线表示边界的方式显示对象，如图8-12所示。

10. X射线样式

X射线视觉样式可更改面的不透明度使整个场景变成部分透明，如图8-13所示。

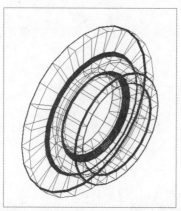

图 8-12 线框样式

图 8-13 X 射线样式

 工程师点拨：了解视觉样式

视觉样式只是在视觉上产生了变化，实际上模型并没有改变。

8.3 绘制三维实体

基本的三维实体主要包括长方体、球体、圆柱体、圆锥体和圆环体等。下面将介绍这些实体的绘制方法。

8.3.1 长方体的绘制

长方体是最基本的实体对象，用户可以通过以下方法执行"长方体"命令。

- 执行"绘图>建模>长方体"命令。
- 在"常用"选项卡的"建模"面板中单击"长方体"按钮◻。
- 在"实体"选项卡的"图元"面板中单击"长方体"按钮◻。
- 在命令行中输入BOX，然后按Enter键。

执行"长方体"命令后，根据命令行中的提示创建长方体，如图8-14、8-15所示。命令行提示内容如下。

```
命令：box
指定第一个角点或 [中心(C)]：                                    （指定底面矩形一个角点）
指定其他角点或 [立方体(C)/长度(L)]：                            （指定底面矩形另一个角点）
指定高度或 [两点(2P)]：                                         （指定高度）
```

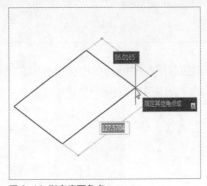
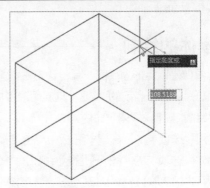

图 8-14 指定底面角点   图 8-15 指定高度

8.3.2 圆柱体的绘制

圆柱体是以圆或椭圆为截面形状，沿该截面法线方向拉伸所形成的实体特征。用户可以通过以下方法执行"圆柱体"命令。

- 执行"绘图>建模>圆柱体"命令。
- 在"常用"选项卡的"建模"面板中单击"圆柱体"按钮◻。
- 在"实体"选项卡的"图元"面板中单击"圆柱体"按钮◻。
- 在命令行中输入快捷命令CYLINDER，然后按Enter键。

执行"圆柱体"命令后，根据命令行中的提示创建圆柱体，如图8-16、8-17所示。命令行提示内容如下。

```
命令：cylinder
指定底面的中心点或 [三点(3P)/两点(2P)/切点、切点、半径(T)/椭圆(E)]：     （指定底面圆心）
指定底面半径或 [直径(D)]：                                              （指定底面半径）
指定高度或 [两点(2P)/轴端点(A)]：                                       （指定高度）
```

命令行中各选项的含义介绍如下：

- 三点：通过指定三个点来定义圆柱体的底面周长和底面。
- 两点：通过指定两个点来定义圆柱体的底面直径。
- 相切、相切、半径：定义具有指定半径且与两个对象相切的圆柱体底面。
- 椭圆：定义圆柱体底面形状为椭圆，并生成椭圆柱体。
- 轴端点：指定圆柱体轴的端点位置。轴端点是圆柱体的顶面中心点。

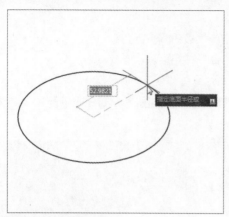

图 8-16 指定底面圆半径

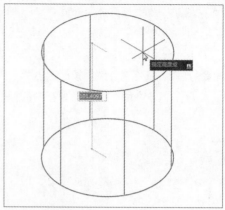

图 8-17 指定高度

8.3.3 楔体的绘制

楔体可以看做是以矩形为底面，其一边沿法线方向拉伸所形成的具有楔状特征的实体，也就是1/2长方体。其表面总是平行于当前的UCS，其斜面沿Z轴倾斜。用户可以通过以下方法执行"楔体"命令。

● 执行"绘图>建模>楔体"命令。
● 在"常用"选项卡的"建模"面板中单击"楔体"按钮 。
● 在"实体"选项卡的"图元"面板中单击"楔体"按钮 。
● 在命令行中输入快捷命令WEDGE，然后按Enter键。

执行"楔体"命令后，根据命令行中的提示创建楔体，如图8-18、8-19所示。命令行提示的内容如下。

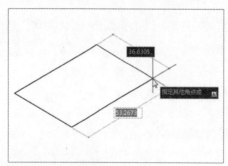

图 8-18 指定底面角点

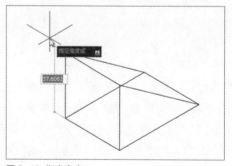

图 8-19 指定高度

8.3.4 球体的绘制

球体是到一个点即球心的距离相等的所有点的集合所形成的实体。用户可以通过以下方法执行"球体"命令。

● 执行"绘图>建模>球体"命令。
● 在"常用"选项卡的"建模"面板中单击"球体"按钮 。
● 在"实体"选项卡的"图元"面板中单击"球体"按钮 。
● 在命令行中输入命令SPHERE，然后按Enter键。

执行"球体"命令后，根据命令行中的提示创建球体，如图8-20所示。

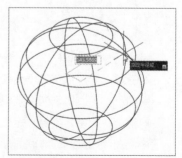

图 8-20 指定球体半径

8.3.5　圆环体的绘制

　　圆环体可以看作是绕圆轮廓线与其共面的直线旋转所形成的实体特征。用户可以通过以下方法执行"圆环体"命令。

- 执行"绘图>建模>圆环体"命令。
- 在"常用"选项卡的"建模"面板中单击"圆环体"按钮◎。
- 在"视图"选项卡的"图元"面板中单击"圆环体"按钮◎。
- 在命令行中输入快捷命令TORUS，然后按Enter键。

　　执行"圆环体"命令后，根据命令行中的提示创建圆环体，如图8-21、8-22所示。命令行提示内容如下。

```
命令 :torus
指定中心点点或 [三点(3P)/两点(2P)/切点、切点、半径(T)]:                    (指定圆心)
指定半径或 [直径(D)] <80.0000>:                                          (指定半径)
指定圆管半径或 [两点(2P)/直径(D)] <24.4666>:                            (指定截面半径)
```

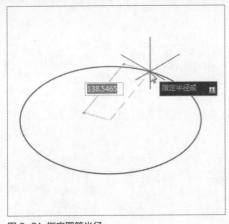
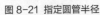

图 8-21 指定圆管半径

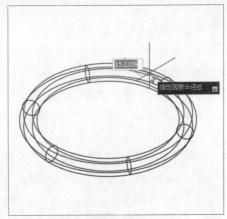

图 8-22 指定圆环截面半径

8.3.6　棱锥体的绘制

　　棱锥体可以看作是以一个多边形面为底面，其余各面有一个公共顶点的具有三角形特征的面所构成的实体。用户可以通过以下方法执行"棱锥体"命令。

- 执行"绘图>建模>棱锥体"命令。
- 在"常用"选项卡的"建模"面板中单击"棱锥体"按钮▲。
- 在"实体"选项卡的"图元"面板中单击"棱锥体"按钮▲。
- 在命令行中输入快捷命令PYRAMID，然后按Enter键。

　　执行"棱锥体"命令后，根据命令行中的提示创建棱锥体，如图8-23、8-24所示。命令行提示内容如下。

```
命令 : _pyramid
 4 个侧面  外切
指定底面的中心点或 [边(E)/侧面(S)]:
指定底面半径或 [内接(I)]:
指定高度或 [两点(2P)/轴端点(A)/顶面半径(T)]:
```

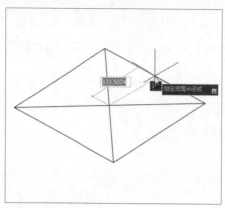

图 8-23 指定底面半径

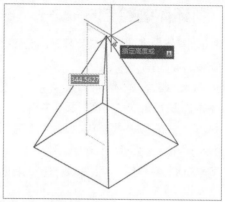

图 8-24 指定高度

8.3.7 多段体的绘制

在默认情况下，多段体始终带有一个矩形轮廓，可以指定轮廓高度和宽度。用户可以通过以下方法执行"多段体"命令。

- 执行"绘图>建模>多段体"命令。
- 在"常用"选项卡的"建模"面板中单击"多段体"按钮圆。
- 在"实体"选项卡的"图元"面板中单击"多段体"按钮圆。
- 在命令行中输入POLYSOLID，然后按Enter键。

执行"多段体"命令后，根据命令行中的提示创建多段体，如图8-25、8-26所示。命令行提示内容如下。

```
命令：_Polysolid 高度 = 80.0000，宽度 = 5.0000，对正 = 居中
指定起点或 [对象(O)/高度(H)/宽度(W)/对正(J)] <对象>：
(设置多段体的高度、宽度等参数)
指定下一个点或 [圆弧(A)/放弃(U)]：
指定下一个点或 [圆弧(A)/放弃(U)]：
```

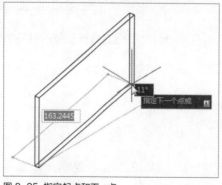

图 8-25 指定起点和下一点

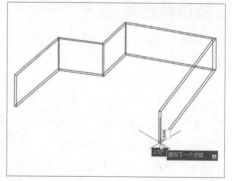

图 8-26 继续指定下一点

8.4 二维图形生成三维实体

在AutoCAD 中，除了使用三维绘图命令绘制实体模型外，还可以将绘制的二维图形进行拉伸、旋转、放样和扫掠等编辑，将其转换为三维实体模型。

8.4.1　拉伸实体

使用拉伸命令，可以绘制各种柱体、台形体和沿指定路径拉伸形成的拉伸实体。用户可以通过以下方法执行"拉伸"命令。

- 执行"绘图>建模>拉伸"命令。
- 在"常用"选项卡的"建模"面板中单击"拉伸"按钮▣。
- 在"实体"选项卡的"实体"面板中单击"拉伸"按钮▣。
- 在命令行中输入快捷命令EXTRUDE，然后按Enter键。

执行"拉伸"命令后，根据命令行中的提示拉伸实体，如图8-27、8-28所示。命令行提示内容如下。

```
命令：_extrude
当前线框密度：  ISOLINES=4，闭合轮廓创建模式 ＝ 实体
选择要拉伸的对象或 ［模式(MO)］：_MO 闭合轮廓创建模式 ［实体(SO)/曲面(SU)］＜实体＞：_SO
选择要拉伸的对象或 ［模式(MO)］：找到 1 个                              （选择对象）
选择要拉伸的对象或 ［模式(MO)］：                                     （按 Enter 键）
指定拉伸的高度或 ［方向(D)/路径(P)/倾斜角(T)/表达式(E)］：              （指定高度）
```

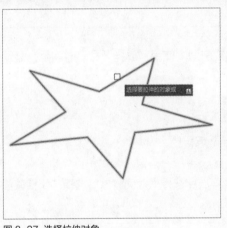

图 8-27 选择拉伸对象

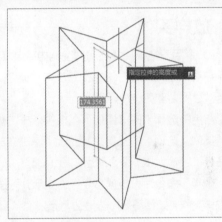

图 8-28 指定拉伸高度

8.4.2　旋转实体

使用旋转命令，可将二维闭合的图形以中心轴为旋转中心进行旋转，从而形成三维实体模型。用户可以通过以下方法执行"旋转"命令。

- 执行"绘图>建模>旋转"命令。
- 在"常用"选项卡的"建模"面板中单击"旋转"按钮▣。
- 在"实体"选项卡的"实体"面板中单击"旋转"按钮▣。
- 在命令行中输入REVOLVE，然后按Enter键。

执行"旋转"命令后，根据命令行中的提示旋转实体，如图8-29、8-30所示。命令行的提示内容如下。

```
命令：_revolve
当前线框密度：  ISOLINES=4，闭合轮廓创建模式 ＝ 实体
选择要旋转的对象或 ［模式(MO)］：_MO 闭合轮廓创建模式 ［实体(SO)/曲面(SU)］＜实体＞：_SO
```

选择要旋转的对象或 [模式(MO)]: 找到 1 个	(选择对象)
选择要旋转的对象或 [模式(MO)]:	(按 Enter 键)
指定轴起点或根据以下选项之一定义轴 [对象(O)/X/Y/Z]〈对象〉:	(单击直线上端点)
指定轴端点:	(单击直线下端点)
指定旋转角度或 [起点角度(ST)/反转(R)/表达式(EX)]〈360〉:	(按 Enter 键，指定旋转角度为360°)

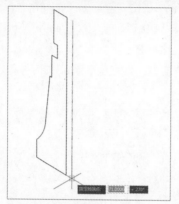

图 8-29 指定轴端点

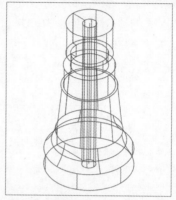

图 8-30 旋转实体

8.4.3 放样实体

"放样"命令用于在横截面之间的空间内绘制实体或曲面。使用"放样"命令时，至少必须指定两个横截面。用户可以通过以下方法执行"放样"命令。

- 执行"绘图>建模>放样"命令。
- 在"常用"选项卡的"建模"面板中单击"放样"按钮 。
- 在"实体"选项卡的"实体"面板中单击"放样"按钮 。
- 在命令行中输入LOFT，然后按Enter键。

执行"放样"命令后，根据命令行的提示，可按放样次序选择横截面，然后选择"仅横截面"选项，即可完成放样实体，如图8-31、8-32所示。

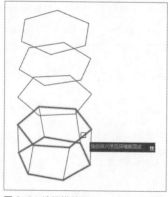

图 8-31 选择横截面

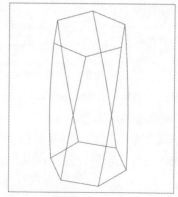

图 8-32 放样实体

8.4.4 扫掠实体

"扫掠"命令用于沿指定路径以指定轮廓的形状绘制实体或曲面。用户可以通过以下方法执行"扫琼"命令。

- 执行"绘图>建模>扫掠"命令。
- 在"常用"选项卡的"建模"面板中单击"扫掠"按钮📷。
- 在"实体"选项卡的"实体"面板中单击"扫掠"按钮📷。
- 在命令行中输入SWEEP，然后按Enter键。

执行"扫掠"命令后，根据命令行的提示信息，选择要扫掠的对象和扫掠路径，按回车键即可创建扫掠实体。

8.4.5 按住并拖动

"按住并拖动"命令通过选中有限区域，然后按住该区域并输入拉伸值或拖动边界区域将选择的边界区域进行拉伸。用户可以通过以下方法执行"按住并拖动"命令。

- 在"常用"选项卡的"建模"面板中单击"按住并拖动"按钮🖼。
- 在"实体"选项卡的"实体"面板中单击"按住并拖动"按钮🖼。
- 在命令行中输入PRESSPULL，然后按Enter键。

执行"按住并拖动"命令后，根据命令行的提示，选择对象或边界区域，然后指定拉伸高度，按Enter键即可完成，如图8-33、8-34所示。

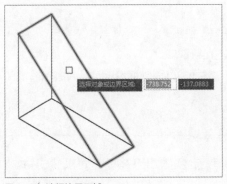

图 8-33 选择边界区域

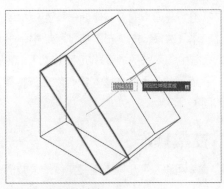

图 8-34 指定拉伸高度

8.5 布尔运算

布尔运算在三维建模中是一项较为重要的功能。它是将两个或两个以上的图形，通过加减方式结合而生成的新实体。

8.5.1 并集操作

"并集"命令就是将两个或多个实体对象合并成一个新的复合实体，新实体由各个组成对象的所有部分组成，没有相重合的部分。用户可以通过以下方法执行"并集"命令。

- 执行"修改>实体编辑>并集"命令。
- 在"常用"选项卡的"实体编辑"面板中单击"并集"按钮🖼。
- 在"实体"选项卡的"布尔值"面板中单击"并集"按钮🖼。
- 在命令行中输入快捷命令UNION，然后按Enter键。

执行"并集"命令后，选中所有需要合并的实体，按Enter键即可完成操作，如下图8-35、8-36所示。

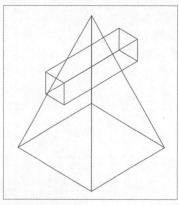

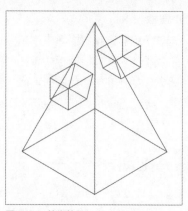

图 8-35 相交的实体   图 8-36 差集效果

8.5.2 差集操作

"差集"命令是从一个或多个实体中减去其中之一或若干部分，得到一个新的实体。用户可以通过以下方法执行"差集"命令。

● 执行"修改>实体编辑>差集"命令。

● 在"常用"选项卡的"实体编辑"面板中单击"差集"按钮。

● 在"实体"选项卡的"布尔值"面板中单击"差集"按钮。

● 在命令行中输入快捷命令SUBTRACT，然后按Enter键。

执行"差集"命令后，选择对象，然后选择要从中减去的实体、曲面和面域，按Ener键即可得到差集效果，如同8-37所示。

8.5.3 交集操作

"交集"命令可以从两个以上重叠实体的公共部分创建复合实体，用户可以通过以下方法执行"交集"命令。

● 执行"修改>实体编辑>交集"命令。

● 在"常用"选项卡的"实体编辑"面板中单击"交集"按钮。

● 在"实体"选项卡的"布尔值"面板中单击"交集"按钮。

● 在命令行中输入快捷命令INTERSECT，然后按 Enter键。

执行"交集"命令后，选中所有实体，按Enter键即可完成交集操作，如同8-38所示。

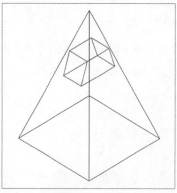

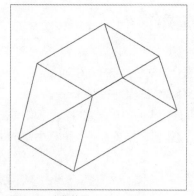

图 8-37 差集效果   图 8-38 交集效果

8.6　三维模型系统变量

在AutoCAD 中，控制三维模型显示的系统变量有ISOLINES、DISPSILH和FACETRES，这三个系统变量影响着三维型显示的效果。用户在绘制三维实体之前首先应设置好这三个变量参数。

8.6.1　ISOLINES

使用ISOLINES系统变量可以控制对象上每个曲面的轮廓线数目，数目越多，模型精度越高，但渲染时间也越长，有效取值范围为0~2047，默认值为4。如图8-39、8-40所示分别为值为4和10的球体效果。

图 8-39 isolines 值为 4

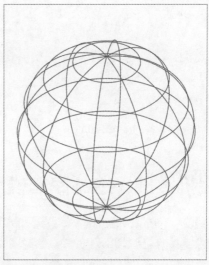

图 8-40 isolines 值为 10

8.6.2　DISPSILH

使用DISPSILH系统变量可以控制实体轮廓边的显示，其取值为0或1，当取值为0时，不显示轮廓边，取值为1时，则显示轮廓边，如图8-41、8-42所示。

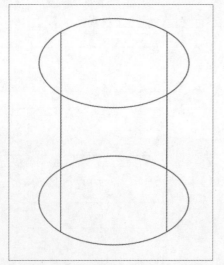

图 8-41 DISPSILH 值为 0

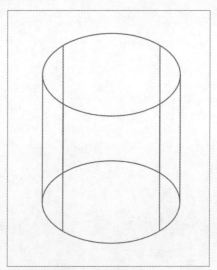

图 8-42 DISPSILH 值为 1

8.6.3 FACETRES

使用FACETRES系统变量可以控制三维实体在消隐、渲染时表面的棱面生成密度，其值越大，生成的图像越光滑，有效的取值范围为0.01~10，默认值为0.5。如图8-43、8-44所示为值为0.1和6时的模型显示效果。

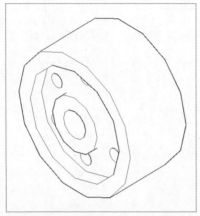

图 8-43 facetres 值为 0.1

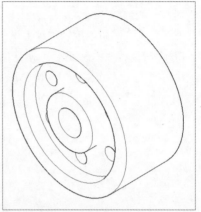

图 8-44 facetres 值为 6

✦ 上机实践 ｜ 绘制底座模型

✦ 实践目的	通过实训，复习本章学习的知识，掌握三维图形的绘制方法。
✦ 实践内容	应用本章所学的知识绘制墙体模型。
✦ 实践步骤	打开素材文件后创建墙体，然后使用多段体和长方体命令绘制窗户等部分。

Step 01 打开"实例文件\08\底座零件图.dwg"素材文件，如图8-45所示。

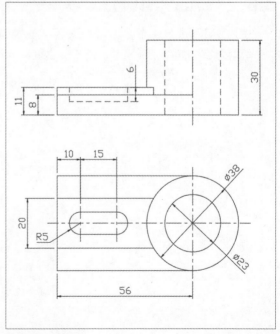

图 8-45 素材图形

Step 02 在状态栏中单击"切换工作空间"按钮，在打开的列表中选择"三维建模"选项，切换到"三维建模"工作空间。利用"矩形""圆"命令，捕捉零件俯视图绘制三个尺寸分别为56*38、40*20、24*10的矩形以及半径分别为11.5和19的圆，如图8-46所示。

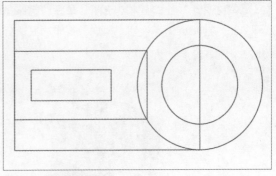

图 8-46 捕捉绘制平面

Step 03 切换到西南等轴测视图，执行"绘图>建模>拉伸"命令，依次将两个圆形拉伸出30的高度，将视觉样式切换为"概念"，如下图8-47所示。

Step 04 继续执行"绘图>建模>拉伸"命令，再将尺寸为56*38的矩形向上拉伸8，将尺寸为40*20的矩形向上拉伸11，如图8-48所示。

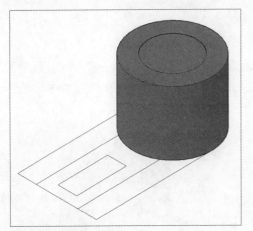

图 8-47 拉伸圆形

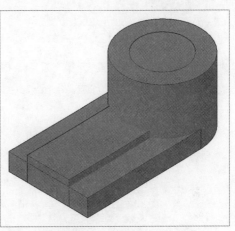

图 8-48 拉伸矩形

Step 05 将视觉样式切换为"二维线框"，再切换到俯视图，执行"圆角"命令，设置圆角半径尺寸为5，对尺寸为24*10的矩形进行圆角操作，如图8-49所示。

Step 06 切换到西南等轴测视图，将圆角矩形沿z轴向上移动5，如图8-50所示。

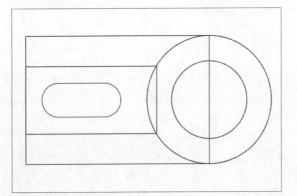

图 8-49 圆角矩形操作

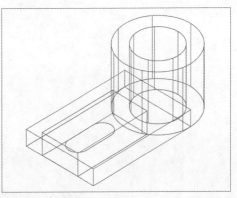

图 8-50 移动图形

Step 07 执行"绘图>建模>拉伸"命令，将圆角矩形向上拉伸6，再切换到"概念"视觉样式，如图8-51所示。

Step 08 执行"修改>实体编辑>并集"命令，根据提示选择两个长方体以及较大的圆柱体，按Enter键后即可完成并集运算，将这几个实体合并为一个实体，如图8-52所示。

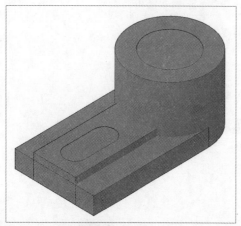

图 8-51 拉伸圆角矩形

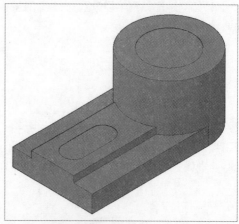

图 8-52 并集操作

Step 09 执行"修改>实体编辑>差集"命令，根据提示先选择上一步中合并的实体，按Enter键后再依次选择剩下的圆柱体和圆角长方体，再按Enter键即可完成差集操作，至此完成底座模型的制作，如图8-53、8-54所示。

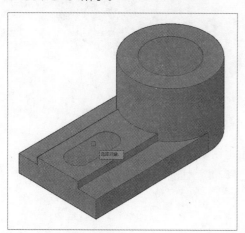

图 8-53 选择被减去的实体

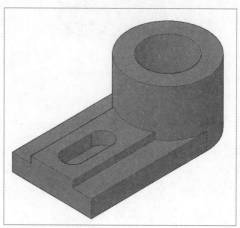

图 8-54 最终效果

课后练习

　　本章围绕基础的三位绘制命令展开讲解，通过本章的学习，对AutoCAD的三维绘图功能有了初步的了解。下面再通过一些练习来温习所学知识。

一、填空题

1、AutoCAD中，三维坐标分为＿＿＿＿＿＿＿＿和用户坐标系两种。

2、＿＿＿＿＿＿＿＿可以看做是以矩形为底面，其一边沿法线方向拉伸所形成的具有楔状特征的实体，也就是1/2长方体。

3、＿＿＿＿＿＿＿＿是以圆或椭圆为截面形状，沿该截面法线方向拉伸所形成的实体特征。

二、选择题

1、在AutoCAD中，使用以下（　　）命令可创建用户坐标系。

　　A、U　　　　　　　B、UCS　　　　　　　C、S　　　　　　　D、W

2、使用以下（　　）命令，可将二维闭合的图形以中心轴为旋转中心进行旋转，从而形成三维实体模型。

　　A、拉伸　　　　　　B、放样　　　　　　　C、扫掠　　　　　　D、旋转

3、不同的三维模型类型之间可以进行转换，包括（　　）。

　　A、从实体到曲面　B、从曲面到线框　C、从线框到曲面　D、从曲面到实体

4、以下（　　）命令可以将两个或多个实体对象合并成一个新的复合实体，新实体由各个组成对象的所有部分组成，没有相重合的部分。

　　A、差集　　　　　　B、交集　　　　　　　C、并集　　　　　　D、剖切

5、从两个或多个实体或面域的交集创建复合实体或面域，并删除交集以外的部分应该选用以下命令（　　）。

　　A、干涉　　　　　　B、交集　　　　　　　C、差集　　　　　　D、并集

三、操作题

1、使用"拉伸""差集"等命令创建三角垫片模型，如图8-55所示。

2、使用"圆柱体""拉伸""差集""并集"等命令创建轴支架模型，如图8-56所示。

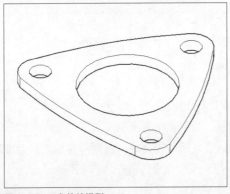

图 8-55　三角垫片模型

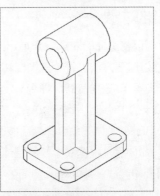

图 8-56　轴支架模型

Chapter 09

编辑三维模型

课题概述 用户可以使用三维编辑命令，在三维空间中移动、复制、镜像、对齐以及阵列三维对象，或剖切实体以获取实体的截面并编辑它们的面、边或体。此外，还可以添加光源、贴图材质，最终对模型进行渲染，达到更加真实的效果。

教学目标 通过了解三维实体的编辑命令，如三维移动、旋转、镜像等命令，可以快速的绘制出复杂的三维实体。模型的贴图与灯光的添加，也是本章学习的重点。

章节重点	光盘路径
★★★★ 三维移动、三维旋转、三维对齐、三维镜像、三维阵列	**上机实践：**实例文件\第9章\上机实践\绘制客厅效果图
★★★☆ 编辑三维实体边	**课后练习：**实例文件\第9章\课后练习
★★☆☆ 编辑三维实体面	
★☆☆☆ 剖切、抽壳	

9.1 编辑三维模型

创建的三维对象有时满足不了用户的要求，这就需要将三维对象进行编辑操作，例如对三维图形进行移动、旋转、对齐、镜像、阵列等操作。

9.1.1 移动三维对象

"三维移动"可将实体在三维空间中移动，在移动时，指定一个基点，然后指定一个目标空间点即可。用户可以通过以下方法执行"三维移动"命令。

- 执行"修改>三维操作>三维移动"命令。
- 在"常用"选项卡的"修改"面板中单击"三维移动"按钮⊡。
- 在命令行中输入3DMOVE命令，然后按Enter键。

9.1.2 旋转三维对象

"三维旋转"命令可以将选择的对象按照指定的角度绕三维空间定义的任何轴（X轴、Y轴、Z轴）进行旋转。用户可以通过以下方法执行"三维旋转"命令。

- 执行"修改>三维操作>三维旋转"命令。
- 在"常用"选项卡的"修改"面板中单击"三维旋转"按钮⊡。
- 在命令行中输入3DROTATE命令，然后按Enter键。

执行"三维旋转"命令后，根据命令行的提示指定基点，拾取旋转轴，然后指定角的起点或输入角度值，按Enter键即可旋转完成旋转操作，如图9-1、9-2所示。命令行提示内容如下。

```
命令：_3drotate
UCS 当前的正角方向： ANGDIR=逆时针  ANGBASE=0
选择对象：找到 1 个                                          （选择旋转对象）
选择对象：
```

指定基点：	（指定旋转轴上一点）
** 旋转 **	
指定旋转角度或 [基点(B)/复制(C)/放弃(U)/参照(R)/退出(X)]：	（指定旋转角度）

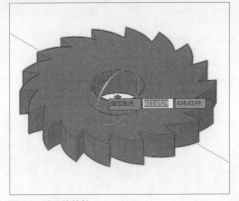

图 9-1 拾取旋转轴

图 9-2 三维旋转效果

9.1.3 对齐三维对象

"三维对齐"命令，可将源对象与目标对象对齐。用户可以通过以下方法执行"三维旋转"命令。

● 执行"修改>三维操作>三维对齐"命令。

● 在"常用"选项卡的"修改"面板中单击"三维对齐"按钮 。

● 在命令行中输入3DALIGN命令，然后按Enter键。

执行"三维对齐"命令后，选中棱锥体，依次指定点A，点B，点C，然后再依次指定目标点1、2、3，即可按要求将两实体对齐，如图9-3、9-4所示。命令行提示内容如下。

命令：_3dalign	
选择对象：找到 1 个	
选择对象：	
指定源平面和方向 ...	
指定基点或 [复制(C)]：〈打开对象捕捉〉	（指定源平面上第一点）
指定第二个点或 [继续(C)] 〈C〉：	（指定源平面上第二点）
指定第三个点或 [继续(C)] 〈C〉：	（指定源平面上第三点）
指定目标平面和方向 ...	
指定第一个目标点：	（指定目标平面上与源平面重合的点）
指定第二个目标点或 [退出(X)] 〈X〉：	
指定第三个目标点或 [退出(X)] 〈X〉：	

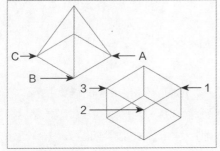

图 9-3 指定点

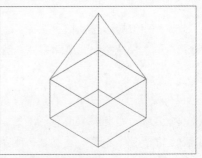

图 9-4 三维对齐效果

9.1.4 镜像三维对象

"三维镜像"命令可以用于绘制以镜像平面为对称面的三维对象。用户可以通过以下方法执行"三维镜像"命令。

- 执行"修改>三维操作>三维镜像"命令。
- 在"常用"选项卡的"修改"面板中单击"三维镜像"按钮 。
- 在命令行中输入MIRROR3D命令，然后按Enter键。

执行"三维镜像"命令后，根据命令行的提示，选取镜像对象按Enter键，然后在实体上指定三个点，将实体镜像，如图9-5、9-6所示。命令行提示内容如下。

```
命令：_mirror3d
选择对象：找到 1 个                                              （选择台盆模型）
选择对象：                                                      （按 Enter 键）
指定镜像平面（三点）的第一个点或 [对象(O)/最近的(L)/Z 轴(Z)/视图(V)/XY 平面(XY)/YZ 平面(YZ)/ZX 平面(ZX)/三点(3)] <三点>：      （指定顶左边线中点）
在镜像平面上指定第二点：                                         （指定顶右边线中点）
在镜像平面上指定第三点：                                         （指定底部右边线中点）
是否删除源对象？[是(Y)/否(N)] <否>：                             （输入 N 按 Enter 键）
```

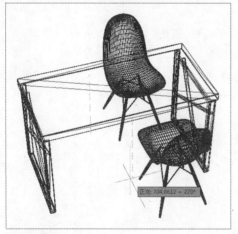

图9-5 指定点

图9-6 三维镜像效果

9.1.5 阵列三维对象

"三维阵列"可以在三维空间绘制对象的矩形阵列或环形阵列。用户可以通过以下方法执行"三维阵列"命令。

- 执行"修改>三维操作>三维阵列"命令。
- 在命令行中输入快捷命令3DARRAY，然后按Enter键。

1. 矩形阵列

三维矩形阵列是在行（X轴）、列（Y轴）和层（Z轴）矩形阵列中复制对象。执行"三维阵列"命令后，根据命令行的提示，选择要阵列的对象，按Enter键选择"矩形阵列"类型，然后根据命令行提示，依次指定阵列的行数、列数、层数、行间距、列间距及层间距，效果如图9-7、9-8示。命令行提示内容如下。

```
命令：3darray
选择对象：指定对角点：找到 1 个
选择对象：
输入阵列类型 [ 矩形 (R)/ 环形 (P)] ＜矩形＞:
输入行数 (---) ＜1＞:                                        （输入阵列的行数）
输入列数 (|||) ＜1＞:                                        （输入阵列的列数）
输入层数 (...) ＜1＞:                                        （输入阵列的层数）
指定行间距 (---):                                           （输入行间距值）
指定列间距 (|||):                                           （输入列间距值）
指定层间距 (...):                                           （输入层间距值）
```

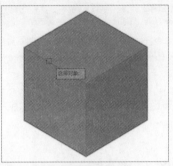 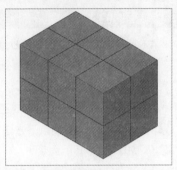

图 9-7 选择要阵列的实体对象　　　　图 9-8 矩形阵列效果

2. 环形阵列

三维环形阵列是围绕旋转轴按逆时针或顺时针方向来阵列复制选择对象。执行"三维阵列"命令，选择要阵列的对象，按Enter键选择"环形阵列"类型，然后根据命令行提示，指定阵列的项目个数和填充角度，确认是否要进行自身旋转之后，指定阵列的中心点及旋转轴上的第二点，即可完成环形阵列操作。

9.1.6 三维对象倒圆角

"圆角边"命令是为实体边建立圆角。用户可以通过以下方法执行"圆角边"命令。

● 执行"修改>实体编辑>圆角边"命令。
● 在"实体"选项卡的"实体编辑"面板中单击"圆角边"按钮。
● 在命令行中输入FILLETEDGE，然后按Enter键。

执行"圆角边"命令后，根据命令行的提示，选择需要编辑的边后，选择"半径R"选项，输入半径值，按Enter键，即可对实体倒圆角，如图9-9、9-10所示。

 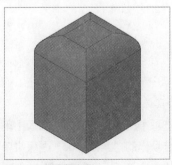

图 9-9 选择边　　　　图 9-10 倒圆角效果

9.1.7 三维对象倒直角

使用"倒角边"命令，可以对三维实体以一定距离进行倒角，即在一条边中再创建一个面。用户可以通过以下方法执行"倒角边"命令。

- 执行"修改>实体编辑>倒角边"命令。
- 在"实体"选项卡的"实体编辑"面板中单击"倒角边"按钮。
- 在命令行中输入CHAMFEREDGE，然后按Enter键。

执行"倒角边"命令后，根据命令行的提示，选择"距离"选项，指定两个距离后，选择边，即可对实体倒直角。

 工程师点拨：旋转面时的注意事项

在进行实体面旋转时，若不小心多选了所需编辑的面，此时可在命令行中输入R命令并按Enter键将其删除。

1. 偏移面

使用"偏移面"命令，可以按指定的距离或通过指定点均匀的偏移面。正值增大实体尺寸或体积，负值减小实体尺寸或体积。用户可以通过以下方法执行"偏移面"命令。

- 执行"修改>实体编辑>偏移面"命令。
- 在"常用"选项卡的"实体编辑"面板中单击"偏移面"按钮。
- 在"实体"选项卡的"实体编辑"面板中单击"偏移面"按钮。
- 在命令行中输入SOLIDEDIT并按Enter键，然后依次选择"面""偏移"选项。

执行"偏移面"命令后，根据命令行的提示，选择要偏移的实体面并按Enter键，然后指定偏移距离，即可对实体面进行偏移，如图9-11、9-12所示。

图 9-11 指定偏移距离

图 9-12 偏移面

2. 倾斜面

使用"偏移面"命令，可以按指定的角度倾斜三维实体上的面。倾斜角的旋转方向由选择基点和第二点的顺序决定。用户可以通过以下方法执行"倾斜面"命令。

- 执行"修改>实体编辑>倾斜面"命令。
- 在"常用"选项卡的"实体编辑"面板中单击"倾斜面"按钮。
- 在"实体"选项卡的"实体编辑"面板中单击"倾斜面"按钮。
- 在命令行中输入SOLIDEDIT并按Enter键，然后依次选择"面""倾斜"选项。

执行"倾斜面"命令后，根据命令行的提示，选择要倾斜的实体面并按Enter键，然后依次指定倾斜轴上的两个点并输入倾斜角度，即可对实体面进行倾斜。

3. 复制面

使用"复制面"命令，可以将实体中指定的三维面复制出来成为面域或体。用户可以通过以下方法执行"复制面"命令。

- 执行"修改>实体编辑>复制面"命令。
- 在"常用"选项卡的"实体编辑"面板中单击"复制面"按钮 。
- 在命令行中输入SOLIDEDIT并按Enter键，然后依次选择"面""复制"选项。

执行"复制面"命令后，根据命令行的提示，选择要复制的实体面并按Enter键，然后依次指定基点和位移的第二点，即可对实体面进行复制，如图9-13、9-14所示。

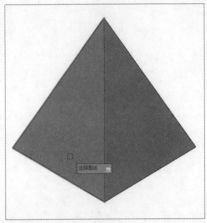

图 9-13 输入移动距离值

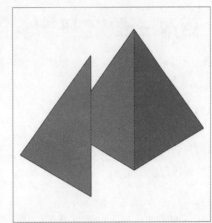

图 9-14 复制面

4. 着色面

在创建和编辑实体模型过程中，为了更方便地观察实体或选取实体各部分，可以使用"着色面"命令修改单个或多个实体面的颜色，以取代该实体面所在图层的颜色。用户可以通过以下方法执行"着色面"命令。

- 执行"修改>实体编辑>着色面"命令。
- 在"常用"选项卡的"实体编辑"面板中单击"着色面"按钮 。
- 在命令行中输入SOLIDEDIT并按Enter键，然后依次选择"面""颜色"选项。

执行"着色面"命令后，根据命令行的提示，选择要着色的实体面并按Enter键，然后在打开的"选择颜色"对话框中选择需要的颜色，单击"确定"按钮，即可对实体面进行着色。

5. 删除面

使用"删除面"命令，可以删除三维实体上的面，包括圆角或倒角。用户可以使用以下方法执行"删除面"命令。

- 执行"修改>实体编辑>删除面"命令。
- 在"常用"选项卡的"实体编辑"面板中单击"删除面"按钮 。
- 在命令行中输入SOLIDEDIT并按Enter键，然后依次选择"面""删除"选项。

执行"删除面"命令后，根据命令行的提示，选择要删除的实体面，然后按Enter键，即可将所选的面删除，如图9-15、9-16所示。

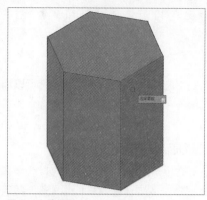

图 9-15 选择面

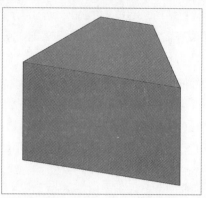

图 9-16 删除面

✛ 9.2　更改三维模型形状

在绘制三维模型时，不仅可以对整个的三维实体对象进行编辑，还可以单独对三维实体进行剖切、抽壳、倒直角、倒圆角等。

9.2.1　编辑三维实体边 ←

用户可以复制三维实体对象的各个边或改变其颜色。所有三维实体的边都可复制为直线、圆弧、圆、椭圆或样条曲线对象。

1. 提取边

该命令可从三维实体、曲面、网格、面域或子对象的边创建线框几何图形，也可以按住Ctrl键选择提取单个边和面。用户可以通过以下方式执行"提取边"命令：

● 执行"修改>三维操作>提取边"命令。

● 在"常用"选项卡"实体编辑"面板中单击"提取边"按钮 ⬚。

● 在"实体"选项卡"实体编辑"面板中单击"提取边"按钮 ⬚。

● 在命令行输入XEDGES命令并按回车键。

执行"修改>三维操作>提取边"命令，选择实体上需要提取的边，按回车键即可完成操作，如图9-17、9-18所示。

图 9-17 选择实体对象

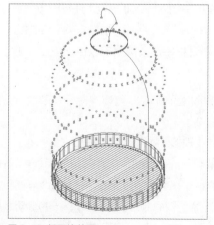

图 9-18 提取边效果

2. 着色边

若要为实体边改变颜色，可以从"选择颜色"对话框中选取颜色。设置边的颜色将替代实体对象所在图层的颜色设置。用户可以通过以下方法执行"着色边"命令。

- 执行"修改>实体编辑>着色边"命令。
- 在"常用"选项卡的"实体编辑"面板中单击"着色边"按钮 。
- 在命令行中输入SOLIDEDIT并按Enter键，然后依次选择"边""着色"选项。

执行"着色边"命令后，根据命令行的提示，选取需要着色的边，按Enter键然后在打开的"选择颜色"对话框中选取所需颜色，单击"确定"按钮即可。

3. 复制边

该命令可将现有的实体模型上单个或多个边偏移其他位置，从而利用这些边线创建出新的图形对象。用户可以通过以下方法执行"复制边"命令。

- 执行"修改>实体编辑>复制边"命令。
- 在"常用"选项卡的"实体编辑"面板中单击"复制边"按钮 。
- 在命令行中输入SOLIDEDIT并按Enter键，然后依次选择"边""复制"选项。

执行上述命令后，根据命令行的提示，选取边按Enter键，然后指定基点与第二点，即可将复制的边放置指定的位置，如图9-19、9-20所示。

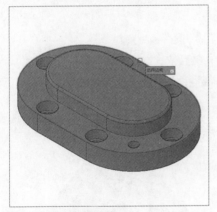

图 9-19 输入移动距离值

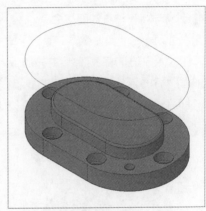

图 9-20 实体边复制效果

9.2.2 编辑三维实体面

在对三维实体进行编辑时，能够通过表面拉伸、移动、旋转等命令改变实体模型的尺寸和形状等。

1. 拉伸面

使用"拉伸面"命令，可以将选定的三维实体对象表面拉伸到指定高度，或使该表面沿一条路径进行拉伸。此外，还可以将实体对象面按一定的角度进行拉伸。用户可以通过以下方法来执行"拉伸面"命令。

- 执行"修改>实体编辑>拉伸面"命令。
- 在"常用"选项卡的"实体编辑"面板中单击"拉伸面"按钮 。
- 在"实体"选项卡的"实体编辑"面板中单击"拉伸面"按钮 。
- 在命令行中输入SOLIDEDIT命令并按Enter键，然后依次选择"面""拉伸"选项。

执行"拉伸面"命令后，根据命令行的提示，选择要拉伸的实体面并按Enter键，然后指定拉伸高度为500，倾斜角度为30度，即可对实体面进行拉伸，如图9-21、9-22所示。

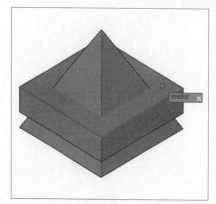

图 9-21 选择要拉伸的面

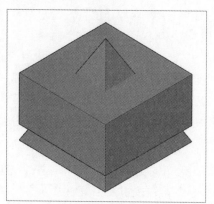

图 9-22 拉伸面

2. 移动面

使用"移动面"命令，可以沿着指定的高度或距离移动三维实体的选定面，用户可一次移动一个或多个面。该操作只是对面的位置进行调整，并不能更改面的方向。用户可以通过以下方法执行"移动面"命令。

- 执行"修改>实体编辑>移动面"命令。
- 在"常用"选项卡的"实体编辑"面板中单击"移动面"按钮。
- 在命令行中输入SOLIDEDIT命令并按Enter键，然后依次选择"面""移动"选项。

执行"拉伸面"命令后，根据命令行的提示，选择要移动的实体面并按Enter键，然后指定基点和位移的第二点，即可对实体面进行移动，如图9-23、9-24所示。

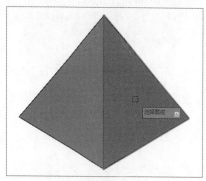

图 9-23 选择要移动的面

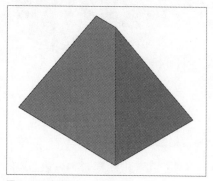

图 9-24 移动面

3. 旋转面

使用"旋转面"命令，可以从当前位置起使对象绕选定的轴旋转指定的角度。用户可以通过以下方法执行"旋转面"命令。

- 执行"修改>实体编辑>旋转面"命令。
- 在"常用"选项卡的"实体编辑"面板中单击"旋转面"按钮。
- 在命令行中输入SOLIDEDIT命令并按Enter键，然后依次选择"面""旋转"选项。

执行"旋转面"命令后，根据命令行的提示，选择要旋转的实体面并按Enter键，然后依次指定旋转轴上的两个点并输入旋转角度，即可对实体面进行旋转。

9.2.3　剖切

该命令通过剖切现有实体可以创建新实体，可以通过多种方式定义剪切平面，包括指定点或者选择曲面或平面对象。用户可以通过以下方法执行"剖切"命令。

● 执行"修改>三维操作>剖切"命令。
● 在"常用"选项卡的"实体编辑"面板中单击"剖切"按钮🔲。
● 在"实体"选项卡的"实体编辑"面板中单击"剖切"按钮🔲。
● 在命令行中输入快捷命令SL，然后按Enter键。

执行"剖切"命令后，根据命令行的提示，选择对象，然后在实体上依次指定两点，即可将模型剖切，如图9-25、9-26所示。

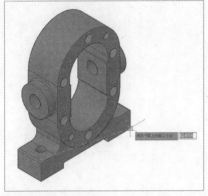
图 9-25 依次指定两点

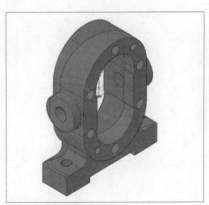
图 9-26 完成剖切

9.2.4　抽壳

该命令可以将三维实体转换为中空薄壁或壳体。将实体对象转换为壳体时，可以通过将现有面朝其原始位置的内部或外部偏移来创建新面。用户可以通过以下方法执行"抽壳"命令。

● 执行"修改>实体编辑>抽壳"命令。
● 在"常用"选项卡的"实体编辑"面板中单击"抽壳"按钮🔳。
● 在"实体"选项卡的"实体编辑"面板中单击"抽壳"按钮🔳。

执行"抽壳"命令后，根据命令行提示，选择抽壳对象，然后选择删除面并按Enter键，输入偏移距离30，即可对实体抽壳，如图9-27、9-28所示。

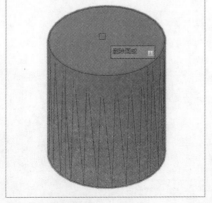
图 9-27 选择删除面

图 9-28 抽壳效果

✛ 上机实践 | 绘制烟灰缸模型

✛ **实践目的**	掌握三维图形的编辑方法，熟悉编辑三维模型的方法。
✛ **实践内容**	应用本章所学的知识绘制烟灰缸模型。
✛ **实践步骤**	先拉伸出烟灰缸主体，接着利用"差集"命令制作烟灰缸空间及四个凹槽，最后进行圆角边处理。

Step 01 执行"矩形"命令，绘制边长180mm的矩形，如图9-29所示。

图9-29 绘制矩形

Step 02 执行"倒角"命令，设置倒角距离为30mm，对矩形的四个角执行倒角操作，如图9-30所示。

图9-30 倒角操作

Step 03 切换到西南等轴测视图，执行"拉伸"命令，将矩形向上拉伸30mm，如图9-31所示。

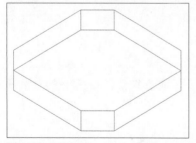

图9-31 拉伸实体

Step 04 执行"直线"命令，捕捉边线中点绘制直线，如图9-32所示。

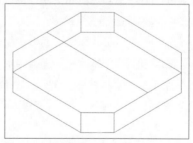

图9-32 绘制直线

Step 05 执行"圆锥体"命令，创建一个底面半径为75mm，顶面半径为60mm，高度为20mm的圆锥体，如图9-33所示。

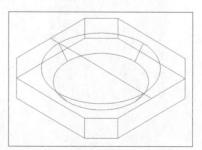

图9-33 创建圆锥体

Step 06 删除直线，执行"差集"命令，将圆锥体从模型中减去，如图9-34所示。

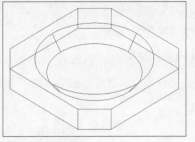

图 9-34　差集运算

Step 07 设置为隐藏视觉样式，如图9-35所示。

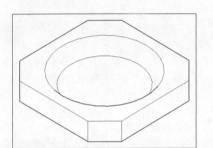

图 9-35　隐藏样式

Step 08 在模型上创建新的坐标，如图9-36所示。

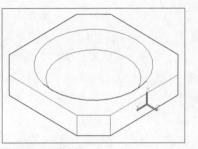

图 9-36　创建坐标

Step 09 执行"圆柱体"命令，捕捉终点创建半径为10mm高度为30mm的圆柱体，如图9-37所示。

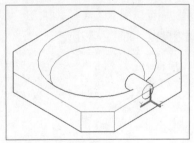

图 9-37　创建圆柱体

Step 10 执行"修改">"三维操作">"三维阵列"命令，以模型中点为阵列中心，对圆柱体进行环形阵列，如图9-38所示。

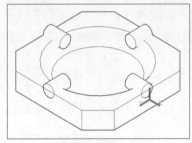

图 9-38　三维环形阵列操作

Step 11 执行"圆角边"命令，设置圆角半径为15mm，对模型的上下边进行圆角操作，如图9-39所示。

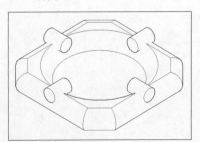

图 9-39　圆角边操作

Step 12 执行"差集"命令，将圆柱体从模型中减去，即完成烟灰缸模型的制作，如图9-40所示。

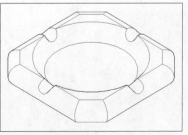

图 9-40　完成制作

课后练习

通过对本章三维实体编辑的学习，用户熟悉了三维实体的编辑、材质和贴图的应用、光源的应用、设置光源环境以及渲染出图等内容。下面将通过一些练习题来回顾所学知识。

一、填空题

1、_____可以在三维空间中创建对象的矩形阵列和环形阵列。使用该命令时用户除了需要指定列数和行数外，还要指定阵列的_____。

2、使用_____命令，可以将一个实体分成两个实体。

3、_____命令可将现有的实体模型上单个或多个边偏移其他位置，从而利用这些边线创建出新的图形对象。

二、选择题

1、使用（　　）命令，可以将三维实体转换为中空薄壁或壳体。

　　A、抽壳　　　　　B、剖切　　　　　C、倒角边　　　　D、圆角边

2、以下哪个对象不是AutoCAD的基本实体类型（　　）。

　　A、球体　　　　　B、长方体　　　　C、圆顶　　　　　D、圆锥体

3、下列命令属于三维实体编辑的是（　　）。

　　A、三维镜像　　　B、抽壳　　　　　C、剖切　　　　　D、以上都是

4、当复制三维对象的边时，边是作为（　　）复制的。

　　A、圆　　　　　　B、直线　　　　　C、圆弧　　　　　D、以上都是

三、操作题

1、利用"旋转实体""拉伸""三维阵列"等命令创建如图9-41所示的羽毛球模型。

2、使用"圆柱体""拉伸""差集""并集""圆角边"等命令创建端盖模型，如图9-42所示。

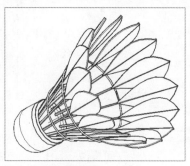

图 9-41　羽毛球模型图

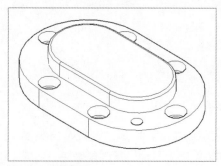

图 9-42　端盖模型

Chapter

10

输出与打印图形

课题概述 图形的输出是整个设计过程的最后一步，即将设计的成果显示在图纸上。将图纸打印出来后，图纸内容可清晰的呈现在用户面前，便于调阅查看。

教学目标 本章主要介绍在AutoCAD中图形的输入与输出，以及在打印图纸时的布局设置操作。

✣ 章节重点	✣ 光盘路径
★★★★　│打印页面设置	**上机实践：** 实例文件\第11章\上机实践\打印三维模型图纸
★★★☆　│模型空间与图形空间	**课后练习：** 实例文件\第11章\课后练习
★★☆☆　│图形的输入与输出	
★☆☆☆　│打印图形	

✣ 10.1　图形的输入 / 输出

下面将为用户介绍图形的输入与输出方法，包括导入图形、输出图形等内容。

10.1.1　输入图形 ←——————————————————————→

在AutoCAD中，用户可以将各种格式的文件输入到当前图形中。执行"文件>输入"命令，打开"输入文件"对话框，如图10-1所示。从中选择相应的文件，然后单击"打开"按钮，即可将文件插入。在"文件类型"下拉列表中，可以选择需要输入文件的类型，如图10-2所示。

图 10-1 "输入文件"对话框

图 10-2 输入文件类型

下面介绍AutoCAD部分输入文件的类型。

- 3D Studio文件：可以用于3ds Max的3D Studio文件，文件中保留了三维几何图形、视图、光源和材质。
- FBX文件：该文件格式是用于三维数据传输的开放式框架，在AutoCAD中，用户可以将图形输出为FBX文件，然后在3ds Max中查看和编辑该文件。

- 图元文件：即Windows图元文件格式（WMF），文件包括屏幕矢量几何图形以及光栅几何图形格式。
- PDF文件：可以将几何图形、填充、光栅图像和TrueType文字从PDF文件输入到AutoCAD中，PDF文件是发布和共享设计数据以供查看和标记时的一种常用方法，用户可以选择从PDF文件指定某一页面，或者可以将全部或部分附着的PDF参考底图转换为AutoCAD对象。
- Rhino文件：该文件格式(*.3dm)通常用于三维CAD系统之间的NURBS几何图形的交换。

10.1.2 输出图形

用户要将AutoCAD图形对象保存为其他需要的文件格式以供其他软件调用，只需将对象以指定的文件格式输出即可。执行"文件>输出"命令，打开"输出数据"对话框，如图10-3所示。在"文件类型"下拉列表中，可以选择需要导出文件的类型，如图10-4所示。

图10-3 "输出数据"对话框

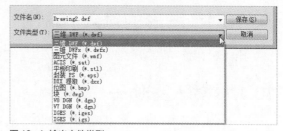

图10-4 输出文件类型

下面介绍AutoCAD部分输出文件的类型。

- DWF文件：这是一种图形Web格式文件，属于二维矢量文件。可以通过这种文件格式在因特网或局域网上发布自己的图形。
- DWFx文件：这是一种包含图形信息的文本文件，可被其他CAD系统或应用程序读取。
- 图元文件：即Windows图元文件格式（WMF），文件包括屏幕矢量几何图形以及光栅几何图形格式。
- ASIC文件：可以将代表修剪过的NURB表面、面域和三维实体的AutoCAD对象输出到ASCⅡ格式的ACIS文件中。
- 平板印刷：用平板印刷（SLA）兼容的文件格式输出AutoCAD实体对象。实体数据以三角形网格面的形式转换为SLA。SLA工作站使用这个数据定义代表部件的一系列层面。
- 位图文件：这是一种位图格式文件，在图像处理行业中应用相当广泛。
- 块文件：这是将选定对象保存到指定的图形文件或将块转换为指定的图形文件。

10.2 模型空间与图纸空间

在绘图工作中，可以通过3种方法来确认当前的工作空间，即图形坐标系图标的显示，图形选项卡的指示和系统状态栏的提示。

10.2.1 模型空间与图纸空间概念

模型空间与图纸空间是两种不同的屏幕工作空间。其中，模型空间用于建立对象模型，而图纸空间则用于将模型空间中生成的三维或二维对象按用户指定的观察方向正投射为二维图形，并且允许用户按需要的比例将图纸摆放在图形界限内的任何位置，如图10-5、10-6所示。

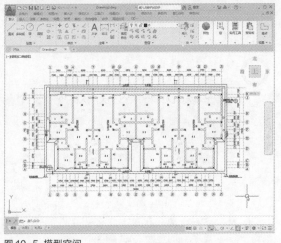
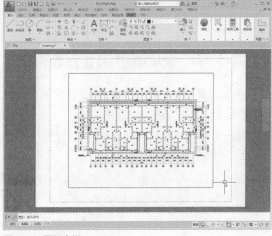

图 10-5 模型空间   图 10-6 图纸空间

10.2.2 模型空间与图纸空间切换

下面将为用户介绍模型空间与图纸空间的切换方法。

1. 从模型空间向图纸的空间的切换

- 将光标放置在文件选项卡上，然后选择"布局1"或"布局2"选项。
- 单击绘图窗口左下角的"布局1"或"布局2"选项卡。
- 单击状态栏中的"模型"按钮 模型，该按钮会变为"图纸"按钮 模型。

2. 从图纸空间向模型空间的切换

- 将光标放置在文件选项卡上，然后选择"模型"选项。
- 单击绘图窗口左下角的"模型"选项卡。
- 单击状态栏中的"图纸"按钮 图纸，该按钮变为"模型"按钮 图纸。
- 在命令行中输入MSPACE命令按Enter键，可以将布局中最近使用的视口置为当前活动视口，在模型空间工作。
- 在存在视口的边界内部双击鼠标左键，激活该活动视口，进入模型空间。

✥ 10.3 管理布局

布局空间用于设置在模型空间中绘制图形的不同视图，主要是为了在输出图形时进行布置。通过布局空间可以同时输出该图形的不同视口，满足各种不同出图的要求。

布局是用来排版出图的，选择布局可以看到虚线框，其为打印范围，模型图在视口内。

在AutoCAD中，若要删除、新建、重命名、移动或复制布局，可将鼠标光标放置在布局标签上，然后单击鼠标右键，在弹出的快捷菜单中选择相应的命令即可。

除上述方法外，用户也可在命令行中输入LAYOUT并按Enter键，根据命令提示选择相应的选项对布局进行管理。

 工程师点拨：创建布局

在AutoCAD中，用户还可在状态栏的空白区域单击鼠标右键，并在弹出的快捷菜单中使用"新建布局"和"从样板"命令来创建布局。

10.4 布局的页面设置

页面设置可以对新建布局或已建好的布局进行图纸大小和绘图设备的设置。页面设置是打印设备和其他影响最终输出外观和格式的设置集合，用户可以修改这些设置并将其应用到其他布局中。

在AutoCAD中，用户可以通过以下方法打开"页面设置管理器"对话框，如图10-7所示。

- 执行"文件>页面设置管理器"命令。
- 在"输出"选项卡的"打印"面板中单击"页面设置管理器"按钮。
- 在命令行中输入PAGESETUP命令，然后按Enter键。
- 在"页面设置管理器"对话框中，单击"修改"按钮，即可打开"页面设置"对话框，如图10-8所示。

图10-7 "页面设置管理器"对话框

图10-8 "页面布局"对话框

10.4.1 修改打印环境

在"页面设置"对话框的"打印机/绘图仪"选项组中，用户可以修改和配置打印设备；在右侧的"打印样式表"选项组中，可以设置图形使用的打印样式。

单击"打印机/绘图仪"选项组右侧的"特性"按钮，系统会弹出"绘图仪配置编辑器"对话框。从中可以更改PC3文件的打印机端口和输出设置，包括介质、图形、自定义属性等。此外，还可以将这些配置选项从一个PC3文件拖到另一个PC3文件。

"绘图仪配置编辑器"对话框中有"常规""端口"和"设备和文件设置"选项卡，如图10-9所示。

- "常规"选项卡：包含有关打印机配置（PC3）文件的基本信息。可在说明区域添加或更改信息。该选项卡中的其余内容是只读的。

- "端口"选项卡：更改配置的打印机与用户计算机或网络系统之间的通信设置。可以指定通过端口打印、打印到文件或使用后台打印。

- "设备和文档设置"选项卡：控制PC3文件中的许多设置，如指定纸张的来源、尺寸、类型和去向，控制笔式绘图仪中指定的绘图笔等。单击任意节点的图标以查看和更改指定设置。如果更改了设置，所作更改将出现在设置旁边的尖括号中。更改了值的节点图标上方也将显示检查标记。

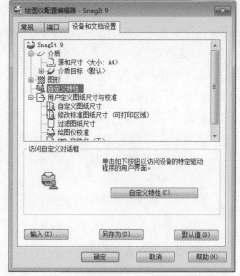

图 10-9 "绘图仪配置编辑器"对话框

10.4.2 创建打印布局

在"页面设置"对话框中，还可以设置打印图形时的打印区域、打印比例等内容。其中各主要选项作用介绍如下。

1. 图纸尺寸

该选项组用于确定打印输出图形时的图纸尺寸，用户可以在"图纸尺寸"列表中选择图纸尺寸。列表中可用的图纸尺寸由当前配置的打印设备确定。

2. 打印区域

进行打印之前，可以指定打印区域，确定打印内容。在创建新布局时，默认的打印区域为"布局"，即打印图纸尺寸边界内的所有对象；选择"显示"选项，将在打印图形区域中显示所有对象；选择"范围"选项，将打印图形中所有可见对象。选择"视图"选项，可打印保存的视图；选择"窗口"选项，可以定义要打印的区域。

3. 打印偏移

该选项组用于确定图纸上的实际打印区域相对于图纸左下角点的偏移量。在布局中，可打印区域的左下角点位于由虚线框确定的页边距的左下角点，即（0,0）。

4. 打印比例

该选项组用于确定图形的打印比例。用户可通过"比例"下拉列表确定图形的打印比例，也可以通过文本框自定义图形的打印比例。在布局打印时，模型空间的对象将以其布局视口的比例显示。

5. 图形方向

该选项组中，可以通过单击"横向"或"纵向"单选按钮设置图形在图纸上的打印方向。选中"横向"单选按钮时，图纸的长边是水平的；选中"纵向"单选按钮时，图纸的短边是水平的。在横向或纵向方向上，可以勾选"上下颠倒打印"复选框，控制首先打印图形的顶部还是底部。

10.4.3 保存命令页面设置

在AutoCAD中，用户可以将自己绘制的图形保存为样板图形，所有的几何图形和布局设置都可保存为DWT文件。

在命令行中输入LAYOUT并按Enter键，然后根据命令行的提示，选择"另存为"选项，按Enter键，即可打开"创建图形文件"对话框。在该对话框中输入要保存的布局样板名称，然后单击"保存"按钮即可，如图10-10所示。

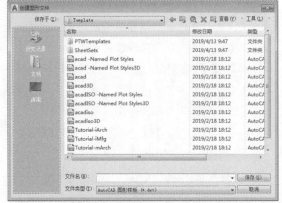

图10-10 "创建图形文件"对话框

10.4.4 输入已保存的页面设置

要使用现有的布局样板建立新布局，可执行"插入>布局>来自样板的布局"命令，在打开的"从文件选择样板"对话框中，选择合适的图形文件，然后单击"打开"按钮，如图10-11所示。之后系统将会打开"插入布局"对话框，在"布局名称"列表中显示了当前所选布局模板的名称，单击"确定"按钮即可插入该布局，如图10-12所示。单击状态栏中的布局名称选项卡，便可看见刚插入的布局。

图10-11 "从文件选择样板"对话框

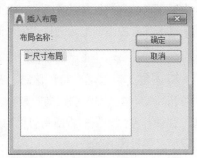

图10-12 "插入布局"对话框

10.4.5 使用布局样板

布局样板是从DWG或DWT文件中输入的布局，可以利用现有样板中的信息创建新的布局。AutoCAD提供了若干个布局样板，以供设计新布局环境时使用。

使用布局样板创建新布局时，新布局将使用现有样板中的图纸空间、几何图形及其页面设置，并在图纸空间中显示布局几何图形和视口对象。用户可以保留从样板中输入的几何图形，也可以删除这些几何图形，在这个过程中不输入任何模型空间图形。

✛ 10.5 打印图形

在模型空间中将图形绘制完毕后，并在布局中设置了打印设备、打印样式、图样尺寸等打印内容后，便可以打印出图。打印之前，有必要按照当前设置，在"布局"模式下进行打印预览。

10.5.1 打印预览 ◄─────────────────────────────────►

执行"文件>打印预览"命令，系统将会打开如图10-13所示的图形预览。利用顶部工具栏中的相应按钮，可对图形执行打印、平移、缩放、窗口缩放、关闭等操作。

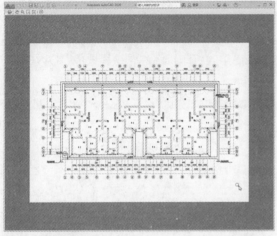

图10-13 打印预览

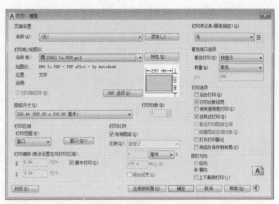

图10-14 "打印"对话框

10.5.2 图形的输出 ◄─────────────────────────────────►

执行"文件>打印"命令，将打开"打印-布局1"对话框，如图10-14所示。"打印"对话框和"页面设置"对话框中的同名选项功能完全相同。它们均用于设置打印设备、打印样式、图纸尺寸以及打印比例等内容。

1."打印区域"选项组

该选项组用于打印区域。用户可以在下拉列表中选择相应按钮确定要打印哪些选项卡中的内容，通过选择"打印份数"文本框可以确定打印的份数。

2."预览"选项组

单击"预览"按钮，系统会按当前的打印设置显示图形的真实打印效果，与"打印预览"具有相同的效果。

 工程师点拨：布局不应太多

用户可以在图形中创建多个布局，每个布局都可以包含不同的打印设置和图纸尺寸。但是，为了避免在转换和发布图形时出现混淆，通常建议每个图形只创建一个布局。

⊕ 上机实践 | 打印建筑图纸

⊕ **实践目的** 通过本实训，可以掌握配置绘图设备和输出图形的方法及操作技巧。

⊕ **实践内容** 利用当前学习的基本知识配置绘图设备并输出图形。

⊕ **实践步骤** 首先打开要进行打印的图形文件，然后在"打印"对话框中设置相关的打印参数，完成打印设置后，预览图形的打印输出效果并对其实施打印，其具体操作介绍如下。

Step 01 打开"上机实训.dwg"素材文件，如图 10-15所示。

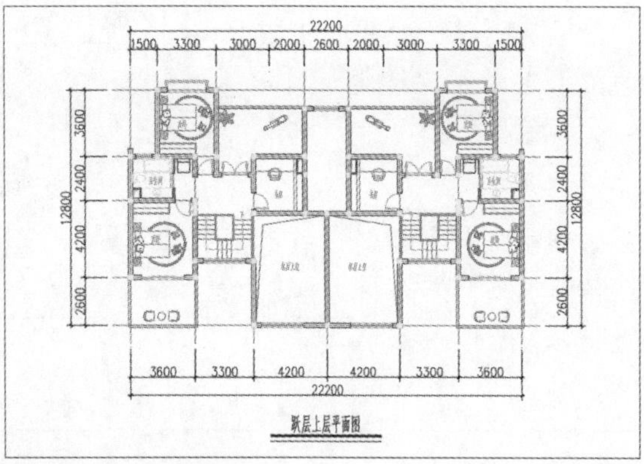

Step 02 执行"文件>打印"命令，打开"打印"对话框。在该对话框中单击"打印机/绘图仪"选项组下的"名称"下拉按钮，在打开的列表中选择使用的打印机名称，这里选择"DWG To PDF.pc"，如图10-16所示。

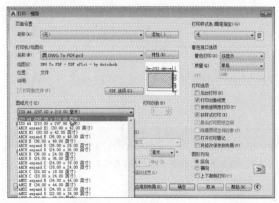

图 10-15 三维模型文件

图 10-16 选择打印机名称

Step 03 单击"图纸尺寸"下拉按钮，在弹出的下拉列表框中选择"ISO A4 297×210毫米"选项，如图10-17所示。

Step 04 在"打印范围"下拉列表中选择"窗口"选项，如图10-18所示。

图 10-17 选择图纸尺寸

图 10-18 选择打印区域

Step 05 在绘图窗口中通过指定对角点，框选出打印的范围，如图10-19所示。

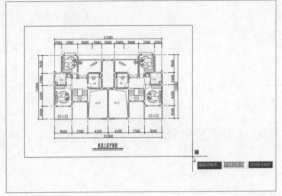

图 10-19　框选打印范围

Step 07 单击"预览"按钮，进入预览窗口，预览图形的打印输出的效果，以便于检查图形的输出设置是正确，如图10-21所示。

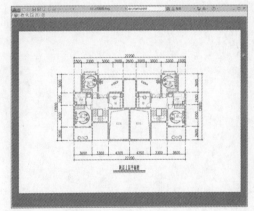

图 10-21　打印预览

Step 09 打印完成后，在软件窗口右下角出将显示"完成打印和发布作业"的信息，如图10-23所示。

Step 06 确定打印的范围后，返回到上一对话框，然后勾选"居中打印"和"布满图纸"选项，然后再选择图形方向为"横向"，如图10-20所示。

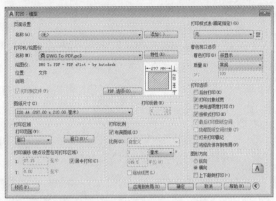

图 10-20　勾选选项

Step 08 在预览界面中单击鼠标右键，在弹出的快捷菜单中选择"打印"命令，即可打开"浏览打印文件"对话框，设置打印存储路径及保存文件名，如图10-22所示。

图 10-22　完成打印

图 10-23　完成打印

课后练习

学习完本章内容之后，总结打印图形需要的基本操作，熟悉打印图形的过程。利用所学知识解决绘图问题。

一、填空题

1、AutoCAD窗口中提供了两个并行的工作环境，即_____和_____。

2、编辑打印样式时，不能修改或删除_____样式。

3、使用_____命令，可以将各种格式的文件输入到当前图形中。

二、选择题

1、打印输出到文件时，需要指定文件名和路径，默认的打印文件名为图形名称和选项卡名称，用连字符分开，文件扩展名是（　　）。

　　A、plt　　　　　　B、stb　　　　　　C、ctb　　　　　　D、pcp

2、在"打印-模型"对话框的"打印选项"选项组中可以选择（　　）。

　　A、打印区域　　　B、图纸尺寸　　　C、打印比例　　　D、打印对象线宽

3、可在布局中指定打印区域相对于图纸左下角的偏移量，以调整打印区域相对图纸的位置（　　）。

　　A、偏移量必须是正　　　　　　B、偏移量可以是正值也可以是负值

　　C、必须设定偏移量　　　　　　D、偏移量单位是毫米

4、在"打印-模型"对话框的（　　）选项组中，用户可以选择打印设备。

　　A、打印区域　　　　　　　　　B、图纸尺寸

　　C、打印比例　　　　　　　　　D、打印机/绘图仪

5、根据图形打印的设置，下列哪个选项不正确（　　）。

　　A、可以打印图形的一部分

　　B、可以根据不同的要求用不同的比例打印图形

　　C、可以先输出一个打印文件，把文件放到别的计算机上打印

　　D、打印时不可以设置纸张的方向

三、操作题

1、利用CAD的图形输出功能，将机械零件图输出为PDF格式，如图10-24所示。

2、为机械零件三视图创建带图框的布局空间，如图10-25所示。

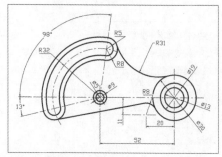

图 10-24　输出为 PDF

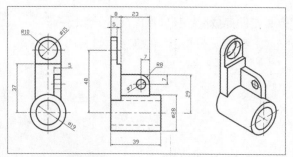

图 10-25　创建布局空间

Chapter 09　编辑三维模型

Chapter 10　输出与打印图形

Chapter 11　绘制机械图形

Chapter 12　绘制居室施工图

Chapter 11 绘制机械图形

课题概述 本章将结合前面学习的AutoCAD绘图知识，来介绍机械零件图的绘制方法和技巧。

教学目标 通过练习绘制机械零件图，用户可以熟练掌握前面章节所学的内容，为以后的工作打好基础。

章节重点

★★★★ 绘制法兰盘图形
★★★☆ 绘制轴承座图形
★★☆☆ 制作轴承座模型

光盘路径

最终文件：实例文件\第12章\绘制机械图形

11.1 绘制法兰盘图形

法兰盘简称法兰，只是一个统称，通常是指在一个类似盘状的金属体的周边开上几个固定用的孔用于连接其它东西，在机械设计中其应用很广泛。

11.1.1 绘制法兰盘平面图

绘图前应先分析图形，设计好绘图顺序，以便于合理布置图形，在绘图过程中运用到偏移、阵列等命令，下面介绍其绘制步骤：

Step 01 启动AutoCAD应用程序，创建"辅助线"图层与"轮廓线"图层，并设置图层颜色、线型、线宽等参数，如图11-1所示。

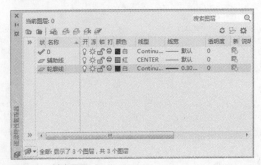

图11-1　创建图层

Step 02 设置"辅助线"图层为当前图层，执行"直线"命令，绘制两条相互垂直长度为600mm的直线，如图11-2所示。

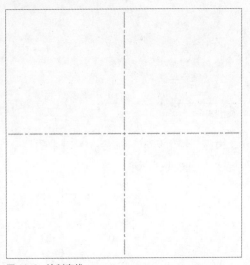

图11-2　绘制直线

Step 03 设置"轮廓线"图层为当前图层，执行"圆"命令，捕捉交点绘制半径为250mm的圆，如图11-3所示。

199

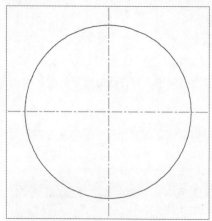

图 11-3　绘制圆

Step 04 执行"偏移"命令，将圆向内依次偏移10mm、50mm、40mm、10mm、40mm，如图11-4所示。

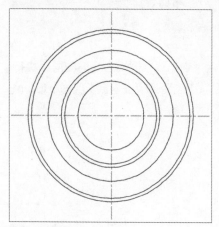

图 11-4　偏移图形

Step 05 执行"特性匹配"命令，为其中的一个圆更改特性，如图11-5所示。

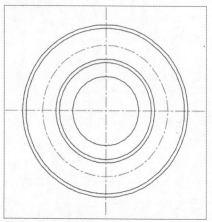

图 11-5　特性匹配

Step 06 执行"圆"命令，绘制半径为15mm的圆，再在"辅助线"图层绘制两条相互垂直的长40mm的直线，如图11-6所示。

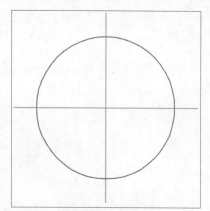

图 11-6　绘制直线与圆

Step 07 调整图形位置，如图11-7所示。

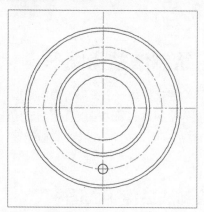

图 11-7　调整位置

Step 08 执行"阵列"命令，为图形执行环形阵列操作，阵列数目为8，阵列中心为圆心，即可完成法兰盘平面图的绘制，如图11-8所示。

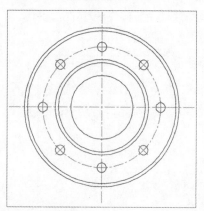

图 11-8　环形阵列

Step 09 为平面图添加上尺寸标注，如图11-9所示。

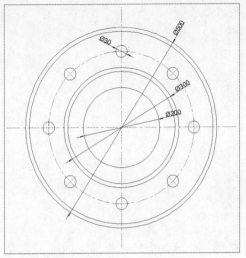

图 11-9　添加尺寸标注

Step 10 在状态栏单击"显示线宽"按钮，效果如图11-10所示。

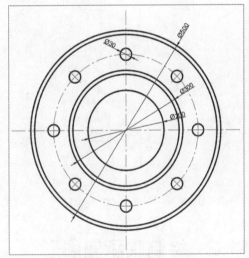

图 11-10　显示线宽

11.1.2　绘制法兰盘剖面图

机械图的平面图、立面图以及剖面图的尺寸是相互对应的，这里我们可以根据法兰盘平面图来绘制其剖面图，下面介绍其绘制步骤：

Step 01 复制法兰盘平面图，如图11-11所示。

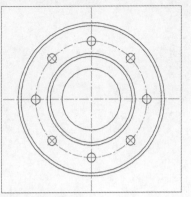

图 11-11　复制图形

Step 02 执行"直线"命令，捕捉绘制长度为600mm的辅助线，如图11-12所示。

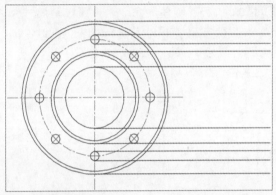

图 11-12　绘制辅助线

Step 03 执行"直线"命令，绘制直线封闭辅助线，再执行"偏移"命令，将直线向左依次偏移50mm、35mm、40mm，如图11-13所示。

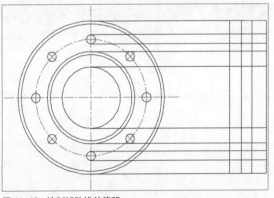

图 11-13　绘制辅助线并偏移

Step 04 执行"修剪"命令，修剪多余的线条，删除平面图，如图11-14所示。

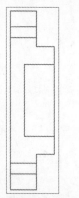

图 11-14 修剪图形

Step 05 执行"倒角"命令，设置倒角距离为 10mm，对图形进行倒角操作，如图 11-15 所示。

Step 06 执行"圆角"命令，设置圆角尺寸为 15mm，然后再对图形进行圆角操作，如图 11-16 所示。

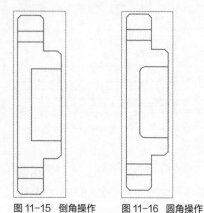

图 11-15 倒角操作　　图 11-16 圆角操作

Step 07 将"辅助线"图层设置为当前图层，执行"直线"命令，绘制绘制 250mm 的直线和两条 120mm 的直线作为辅助线，如图 11-17 所示。

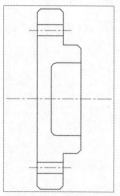

图 11-17 绘制辅助线

Step 08 执行"图案填充"命令，设置图案为 ANSI31，比例为3，选择实体区域进行填充，如图 11-18 所示。

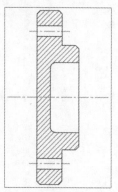

图 11-18 填充图案

Step 09 为图形添加上尺寸标注，如图 11-19 所示。

Step 10 在状态栏单击"显示线宽"按钮，效果如图 11-20 所示。

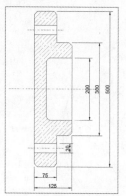

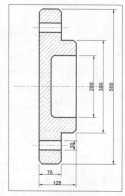

图 11-19 添加尺寸标注　　图 11-20 显示线宽

11.2 绘制轴承座图形

有轴承的地方就要有支撑点，轴承的内支撑点是轴，外支撑就是常说的轴承座。由于一个轴承可以选用不同的轴承座，而一个轴承座同时又可以选用不同类型的轴承，因此轴承座的品种有很多。

11.2.1 绘制轴承座俯视图

本小节将介绍轴承座俯视图的绘制过程，具体绘制步骤介绍如下：

Step 01 创建"辅助线"图层、"轮廓线"图层及"虚线"图层，并设置图层颜色、线型、线宽等参数，如图11-21所示。

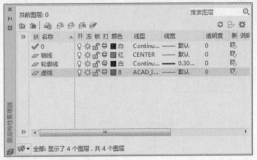

图 11-21　创建图层

Step 02 执行"直线"命令，绘制60mm*100mm的长方形，如图11-22所示。

图 11-22　绘制长方形

Step 03 执行"偏移"命令，偏移图形，如图11-23所示。

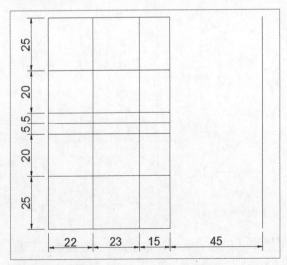

图 11-23　偏移图形

Step 04 执行"圆"命令，捕捉绘制多个圆，如图11-24所示。

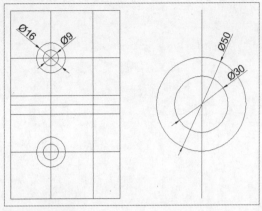

图 11-24　绘制圆

Step 05 执行"修剪"命令，修剪图形，如图11-25所示。

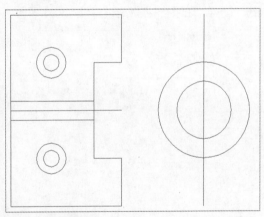

图 11-25　修剪图形

Step 06 执行"延伸"及"拉伸"命令，延长部分直线，如图11-26所示。

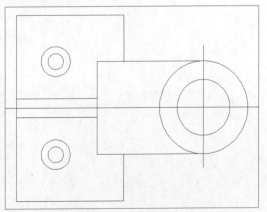

图 11-26　延长图形

Step 07 执行"圆角"命令，设置圆角半径为10mm，对图形的两个角进行圆角操作，如图11-27所示。

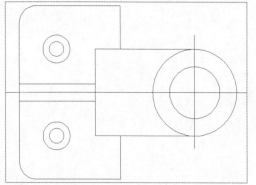

图11-27　圆角操作

Step 08 设置"轴线"图层为当前图层，执行"直线"命令，绘制轴线，并设置已绘制的直线到"轴线"图层，如图11-28所示。

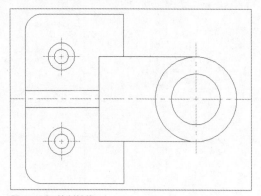

图11-28　绘制轴线

Step 09 设置"虚线"图层为当前图层，再执行"直线"命令，绘制一条虚直线并设置比例，如图11-29所示。

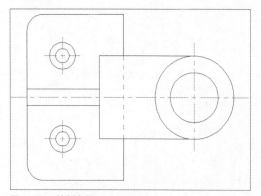

图11-29　绘制虚线

Step 10 为图形添加尺寸标注，并开启"显示线宽"，然后完成轴承座俯视图的绘制，如图11-30所示。

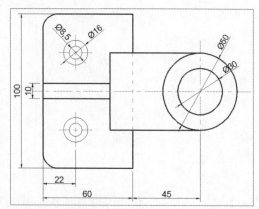

图11-30　完成绘制

11.2.2　绘制轴承座左视图

本小节将介绍轴承座主视图的绘制过程，具体绘制步骤介绍如下：

Step 01 设置"轮廓线"图层为当前图层。执行"直线"命令，捕捉绘制多条直线，如图11-31所示。

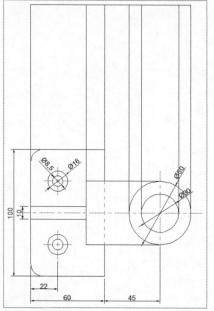

图11-31　绘制直线

Step 02 执行"偏移"命令，将上方直线向下偏移72mm，如图11-32所示。

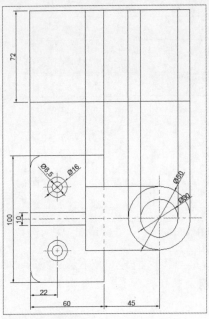

图 11-32 偏移图形

Step 03 执行"修剪"命令和"偏移"命令，先修剪图形再依次偏移图形，如图11-33所示。

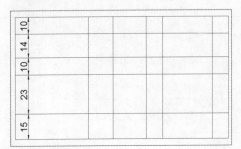

图 11-33 偏移图形

Step 04 执行"修剪"命令，修剪图形，如图11-34所示。

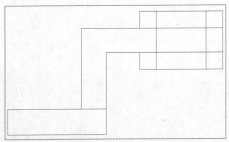

图 11-34 修剪图形

Step 05 执行"圆角"命令，分别设置圆角半径为10mm和15mm，对图形的两个角进行圆角操作，如图11-109所示。

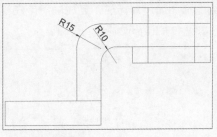

图 11-35 圆角操作

Step 06 执行"直线"命令，捕捉绘制一条斜线，如图11-36所示。

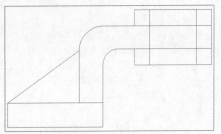

图 11-36 绘制直线

Step 07 设置"轴线"图层为当前图层，执行"直线"命令，绘制两条轴线并调整比例，如图11-37所示。

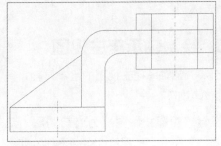

图 11-37 绘制直线

Step 08 执行"修剪"命令，修剪掉多余的图形，并设置出两条线到"虚线"图层，如图11-38所示。

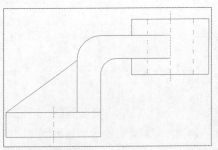

图 11-38 绘制轴线

Step 09 为图形添加尺寸标注，完成轴承座左视图的绘制，如图11-39所示。

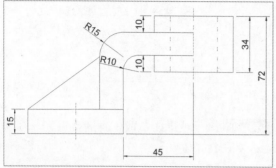

图 11-39 尺寸标注

Step 10 显示线宽，效果如图11-40所示。

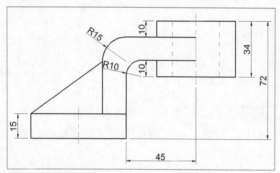

图 11-40 显示线宽

11.2.3 绘制轴承座主视图

本小节将介绍轴承座主视图的绘制过程，具体绘制步骤介绍如下：

Step 01 设置"轮廓线"图层为当前图层。然后执行"直线"命令，捕捉绘制多条直线，如图11-41所示。

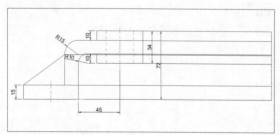

图 11-41 绘制直线

Step 02 执行"偏移"命令，将右侧直线向左偏移100mm，再执行"修剪"命令，修剪图形，如图11-42所示。

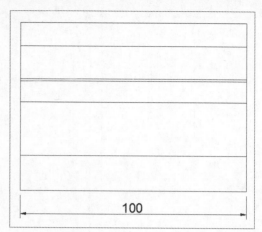

图 11-42 偏移并修剪图形

Step 03 执行"偏移"命令，依次偏移图形，如图11-43所示。

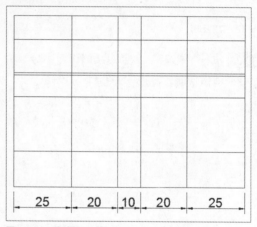

图 11-43 偏移图形

Step 04 执行"修剪"命令，修剪出轴承座主视图轮廓，如图11-44所示。

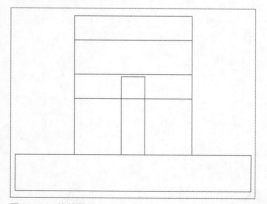

图 11-44 修剪图形

Step 05 继续偏移图形，如图11-45所示。

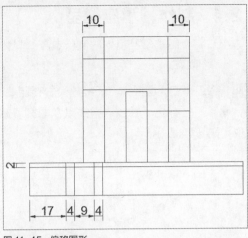

图 11-45　偏移图形

Step 06 执行"直线"命令，捕捉绘制两条斜线，如图11-46所示。

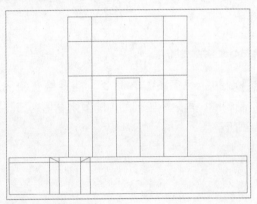

图 11-46　绘制直线

Step 07 修剪图形，并删除多余的线条，如图11-47所示。

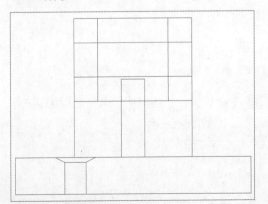

图 11-47　修剪并删除

Step 08 执行"特性匹配"命令，从左视图中匹配虚线特性到主视图中，如图11-48所示。

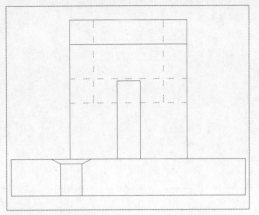

图 11-48　匹配特性

Step 09 执行"样条曲线"命令，绘制一条曲线，如图11-49所示。

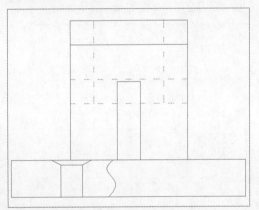

图 11-49　绘制曲线

Step 10 执行"图案填充"命令，选择ANSI31图案，对图形进行填充，如图11-50所示。

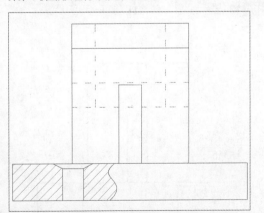

图 11-50　图案填充

Step 11 为图形标注尺寸，如图11-51所示。

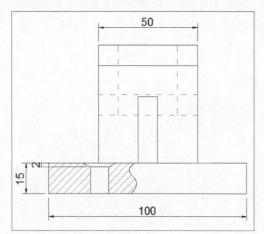

图 11-51 尺寸标注

Step 12 绘制一条多段线，并创建文字，完成轴承座主视图的绘制，如图11-52所示。

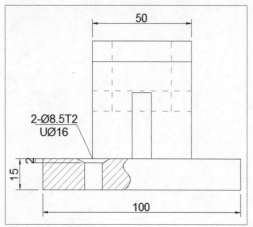

图 11-52 文字注释

Step 13 显示线宽，效果如图11-53所示。

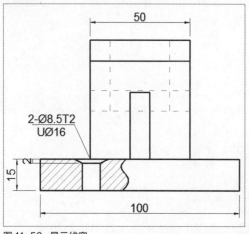

图 11-53 显示线宽

11.2.4 制作轴承座模型

本小节将介绍轴承座模型的制作过程，具体操作步骤介绍如下：

Step 01 将工作空间切换为"三维建模"，复制三视图，删除尺寸标注、轴线、虚线以及图案填充等图形，如图11-54所示。

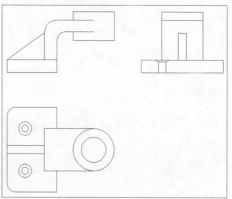

图 11-54 复制并清理图形

Step 02 执行"多段线"命令，捕捉绘制俯视图绘制轮廓，再删除俯视图中的多余图形，如图11-55所示。

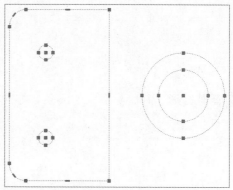

图 11-55 捕捉绘制轮廓

Step 03 继续执行"多段线"命令捕捉绘制左视图图形，如图11-56所示。

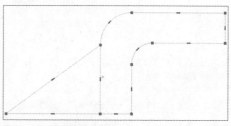

图 11-56 捕捉绘制多段线

Step 04 切换到西南等轴测视图，执行"拉伸"命令，将俯视图中的底座拉伸15mmm，将两个圆拉伸34mm，再切换到概念视觉样式，如图11-57所示。

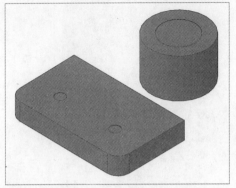

图 11-57　拉伸模型

Step 05 执行"差集"命令，对创建的模型进行差集运算，如图11-58所示。

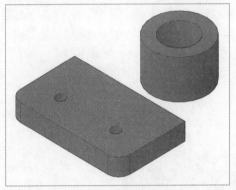

图 11-58　差集运算

Step 06 执行"圆柱体"命令，捕捉管状模型创建一个圆柱体，可以看到圆柱体与管状模型重合了，如图11-59所示。

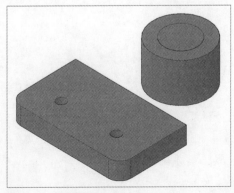

图 11-59　创建圆柱体

Step 07 执行"拉伸"命令，拉伸左视图中的两个多段线，将三角形拉伸10mm，将折弯图形拉伸50mm，如图11-60所示。

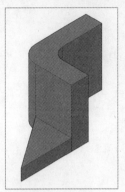

图 11-60　拉伸模型

Step 08 对齐模型，然后再旋转模型，如图11-61所示。

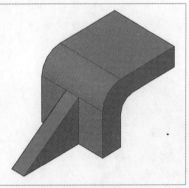

图 11-61　对齐并旋转

Step 09 将模型对齐到底座上，将圆柱体向上移动38mm，如图11-62所示。

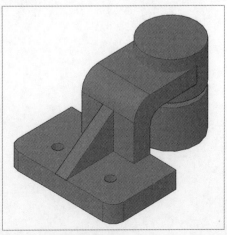

图 11-62　对齐并移动

Step 10 执行"差集"命令，将圆柱体从模型中减去，如图11-63所示。

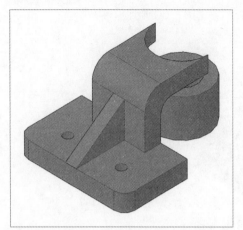

图 11-63 差集运算

Step 11 将管状模型向上移动38mm，如图11-64所示。

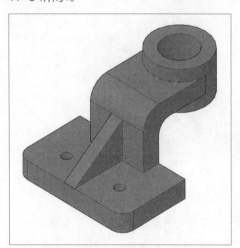

图 11-64 移动模型

Step 12 执行"圆锥体"命令，捕捉圆心创建两个底面半径为8mm顶面半径为4.25mm的圆锥体，如图11-65所示。

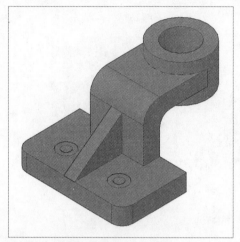

图 11-65 创建圆锥体

Step 13 执行"差集"命令，将圆锥体从模型中减去，再执行"并集"命令，合并所有模型，至此完成轴承座模型的制作，如图11-66所示。

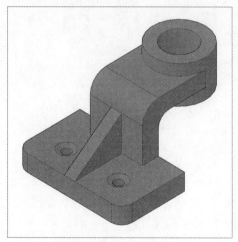

图 11-66 创建圆锥体

Chapter 12 绘制居室施工图

课题概述 本章以居室家装空间室内设计为例，详细讲述了家装建筑室内设计施工图的绘制过程，包括两居室原始弧形、平面布置、顶棚布置施工图的绘制，尺寸文字的标注等内容。

教学目标 通过练习居室施工图的绘制，用户可以熟练掌握前面章节所学的内容，为以后的工作打好基础，并掌握有关家装空间设计的相关知识与技巧。

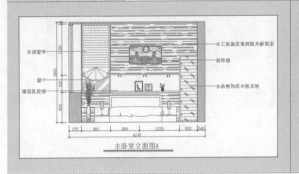

主卧室立面图A

章节重点

★★★★ | 绘制居室平面图

★★★☆ | 绘制居室立面图

★☆☆☆ | 三居室设计技巧

光盘路径

最终文件：实例文件 \ 第 12 章 \ 居室施工图

12.1　绘制居室平面图

室内平面图是施工图纸中必不可少的一项内容。它能够反映出在当前户型中，各空间布局以及家具摆放是否合理，并从中了解到各空间的功能和用途。

12.1.1　绘制居室原始框架图

本小节介绍以居室家装空间为代表的室内设计原始框架平面图的绘制。具体的操作步骤介绍如下：

Step 01 启动AutoCAD应用程序，打开图层特性管理器，新建"轴线""墙体""门窗"等图层，并设置图层参数，如图12-1所示。

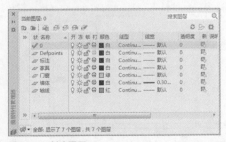

图 12-1　创建图层

Step 02 双击"轴线"图层设置为当前层。利用"直线""偏移"以及"修剪"命令，绘制直线并进行偏移及修剪操作，绘制出轴线轮廓，如图12-2所示。

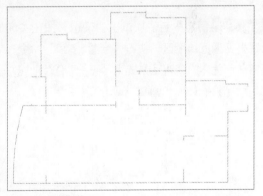

图 12-2　绘制轴线

Step 03 执行"格式>多线样式"命令，打开"多线样式"对话框，新建"墙体"样式，如图12-3所示。

Step 04 在"新建多线样式"对话框中，勾选直线的"起点"和"端点"的复选框，如图12-4所示。

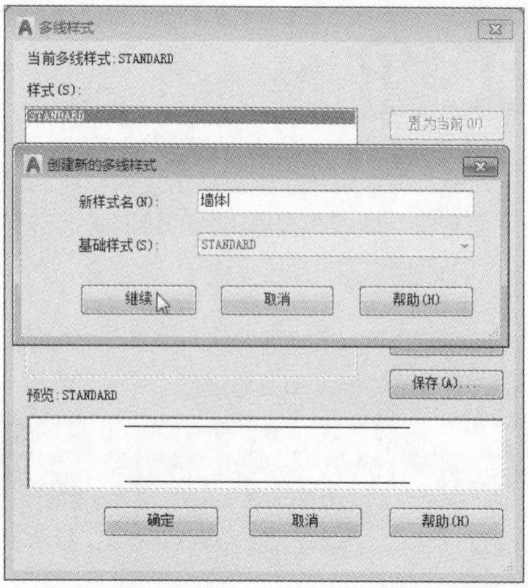

图 12-3　创建多线样式

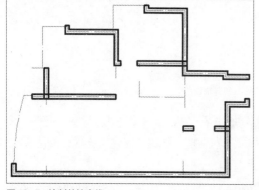

图 12-4　设置多线样式

Step 05 设置完毕后依次单击"确定"按钮关闭对话框，返回绘图区，执行"绘图>多线"命令，设置比例为240，对正方式为"无"，沿着轴线方向，绘制外墙体线如图12-5所示。

图 12-5　绘制外墙多线

Step 06 双击多线打开"多线编辑工具"对话框，如图12-6所示。

图 12-6　多线编辑工具

Step 07 选择"T形合并"工具，对多线进行修剪编辑，如图12-7所示。

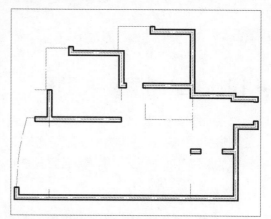

图 12-7　编辑多线

Step 08 再次执行"多线"命令，设置多线比例为140，其后沿着内墙轴线，绘制内墙轮廓，如图12-8所示。

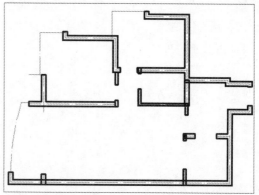

图 12-8　绘制内墙多线

Step 09 再次打开"多线编辑工具"对话框,选择"T形闭合"工具进行编辑,如图12-9所示。

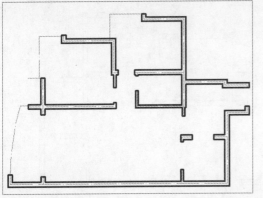

图 12-9 编辑多线

Step 10 执行"偏移"命令,将窗户轴线向内偏移120mm,如图12-10所示。

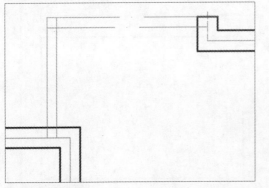

图 12-10 偏移图形

Step 11 执行"偏移"和"修剪"命令,完成飘窗图形的绘制,并将图形移动到"门窗"图层,如图12-11所示。

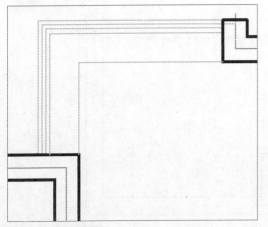

图 12-11 绘制飘窗图形

Step 12 按照同样的方法,绘制另一侧飘窗图形,如图12-12所示。

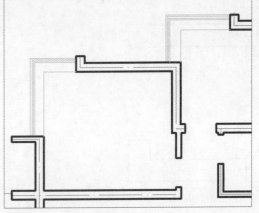

图 12-12 绘制另一个飘窗

Step 13 执行"偏移"和"修剪"命令,绘制阳台窗户图形,如图12-13所示。

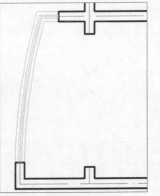

图 12-13 绘制阳台窗户

Step 14 执行"矩形"命令,分别绘制尺寸为800*40和200*40的两个长方形,放置进户门洞位置,如图12-14所示。

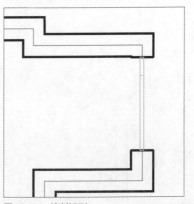

图 12-14 绘制矩形

213

Step 15 执行"旋转"命令，将尺寸为800*40的长方形旋转30°，如图12-15所示。

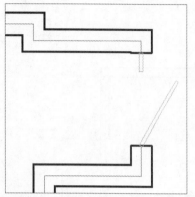

图 12-15　旋转长方形

Step 16 执行"弧线"命令，捕捉绘制门的开合弧线，完成进户门图形的绘制，如图12-16所示。

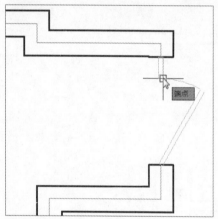

图 12-16　绘制弧线

Step 17 按照同样的操作方法，绘制卧室以及卫生间门图形，如图12-17所示。

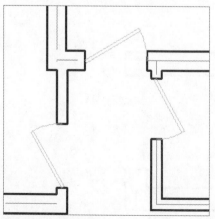

图 12-17　绘制其它门图形

Step 18 执行"直线"命令，绘制出该户型中所有梁图形，如图12-18所示。

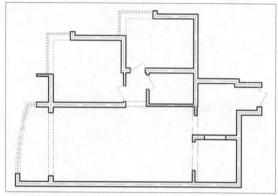

图 12-18　绘制梁图形

Step 19 执行"圆"命令，绘制地漏、下水管等图形，如图12-19所示。

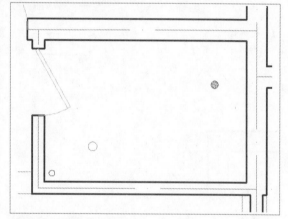

图 12-19　绘制地漏、下水管

Step 20 单击"直线"命令，绘制厨房烟道轮廓，如图12-20所示。

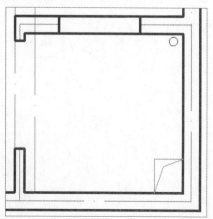

图 12-20　绘制烟道

Step 21 执行"注释>文字>多行文字"命令，在窗户合适位置，指定所需输入的文字范围，如图12-21所示。

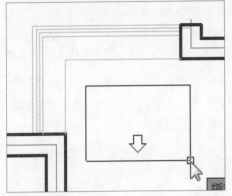

图 12-21　指定文字范围

Step 22 在文字编辑器中，输入窗户的长、宽、高的尺寸，并选中所输入的文字，设置文字高度，完成窗户尺寸的输入，如图12-22所示。

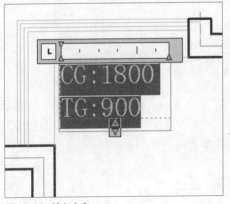

图 12-22　输入文字

Step 23 继续为其他位置创建文字注释，如图12-23所示。

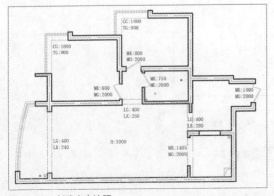

图 12-23　创建文字注释

Step 24 将"标注"图层设置为当前层，执行"格式>标注样式"命令，打开"标注样式管理器"对话框，单击"修改"按钮，打开"修改标注样式"对话框，设置单位精度为0，文字高度为250，如图12-24所示。

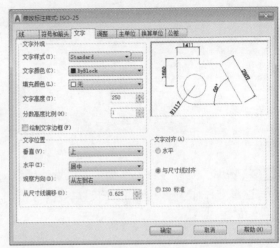

图 12-24　设置"文字"

Step 25 设置箭头类型为"建筑标记"，箭头大小为130，如图12-25所示。

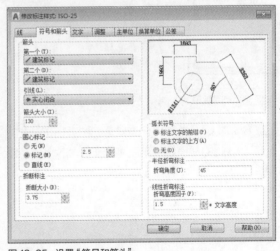

图 12-25　设置"符号和箭头"

Step 26 最后设置尺寸界线参数，设置完毕后依次关闭对话框，如图12-26所示。

图 12-26 设置"线"

Step 27 执行"标注>线性"命令，以墙体轴线为标注基点，对当前户型图进行尺寸标注，如图12-27所示。

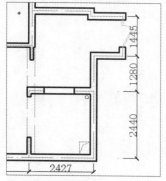

图 12-27 创建标注

Step 28 按照同样的操作方法，标注剩余的尺寸信息，至此完成原始框架图的绘制，如图12-28所示。

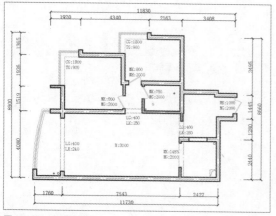

图 12-28 完成绘制

12.1.2 绘制居室平面布置图

下面介绍以居室家装空间为代表的一般室内空间平面布置的方法与技巧，在讲述过程中，将会介绍一般家庭空间中客厅、餐厅、卧室等主要空间的布置原理与平面图的绘制方法。具体操作步骤介绍如下：

Step 01 执行"复制"命令，将居室原始框架图进行复制，并删除图纸中的文字注释及水管地漏等图形，如图12-29所示。

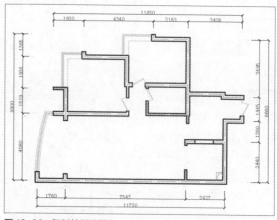

图 12-29 复制并删除图形

Step 02 新建"家具"图层，并将其设为当前层，执行"矩形"命令，绘制1000*300的长方形，作为鞋柜放置进户门合适位置，如图12-30所示。

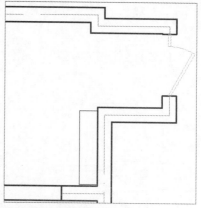

图 12-30 绘制矩形鞋柜

Step 03 执行"偏移"命令，将鞋柜轮廓向内偏移20mm，执行"直线"命令，绘制鞋柜上的斜线，如图12-31所示。

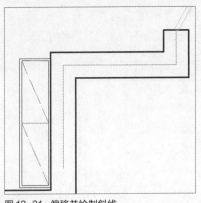

图12-31　偏移并绘制斜线

Step 04 执行"矩形"命令，绘制入户花园造型墙平面。并执行"插入块"命令，将休闲椅图块放置鞋柜合适位置，如图12-32所示。

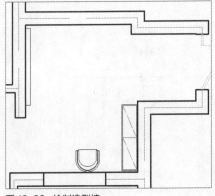

图12-32　绘制造型墙

Step 05 执行"插入>块"命令，将沙发、电视机图块放置客厅合适位置，如图12-33所示。

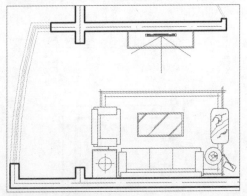

图12-33　插入图块

Step 06 执行"矩形"和"偏移"命令，绘制书柜图形，并将其放置阳台合适位置，如图12-34所示。

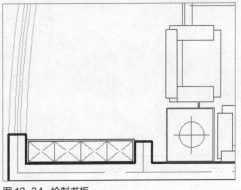

图12-34　绘制书柜

Step 07 执行"直线"和"圆弧"命令，绘制出写字台图形，并将电脑等图块放置写字台图形上，如图12-35所示。

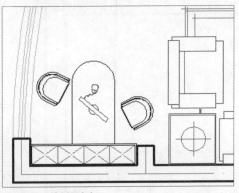

图12-35　绘制写字台

Step 08 执行"矩形"命令，绘制阳台储物柜图形，并将空调图块调入到图形中，如图12-36所示。

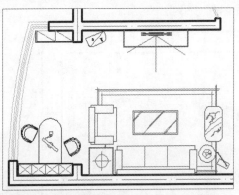

图12-36　绘制阳台储物柜

Step 09 将餐桌图块调入图形合适位置，并执行"矩形"命令，绘制300*300的矩形并复制作为餐厅隔断，如图12-37所示。

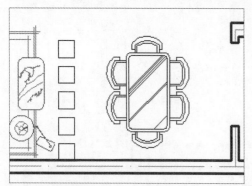

图 12-37 绘制隔断

Step 10 执行"直线"和"偏移"命令，绘制厨房橱柜图形，如图12-38所示。

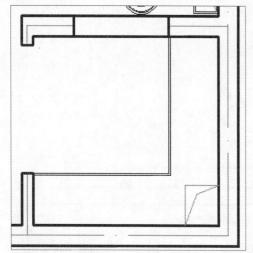

图 12-38 绘制橱柜

Step 11 将洗菜池、燃气灶、冰箱等图块调入厨房合适位置，如图12-39所示。

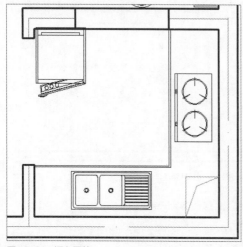

图 12-39 调入图块

Step 12 将"门窗"图层设为当前层，执行"矩形"命令，绘制厨房门图形，如图12-40所示。

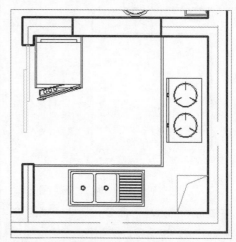

图 12-40 绘制厨房门

Step 13 插入图块到卧室区域，如单人床、衣柜、电视机，如图12-41所示。

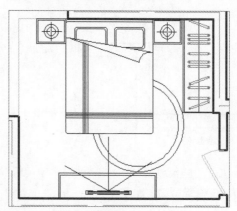

图 12-41 插入双人床图块

Step 14 再将床图库奥插入到次卧室中，如图12-42所示。

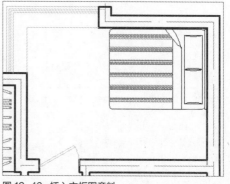

图 12-42 插入衣柜图意料

Step 15 执行"直线"命令，绘制写字台轮廓线，并将电脑、座椅等图块调入图形中，如图12-43所示。

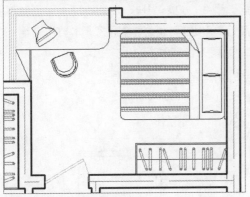

图12-43 插入电脑、座椅图块

Step 16 将马桶、洗手盆、洗衣机等图形调入至洗手间合适位置，如图12-44所示。

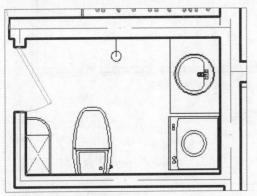

图12-44 插入卫浴图块

Step 17 执行"直线"命令，绘制入户门地砖压边线，如图12-45所示。

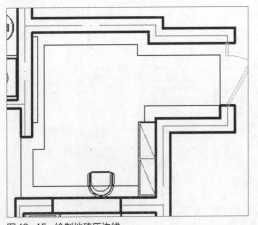

图12-45 绘制地砖压边线

Step 18 执行"偏移"和"修剪"命令，绘制地砖花纹轮廓线，如图12-46所示。

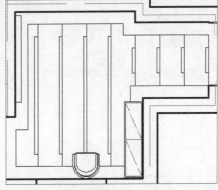

图12-46 绘制地砖花纹

Step 19 执行"图案填充"命令，选择图案AR-CONC和实体图案，将入户地砖进行填充，如图12-47所示。

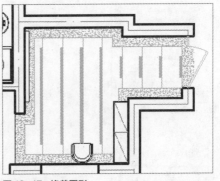

图12-47 修剪图形

Step 20 执行"图案填充"命令，选择图案ANGLE，并将厨房地面进行填充，如图12-48所示。

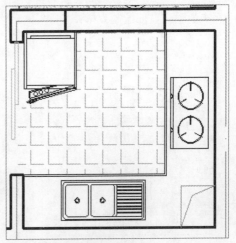

图12-48 完成门窗图形

Step 21 执行"图案填充"命令，选择图案ANGLE，并将客厅地面进行填充，如图12-49所示。

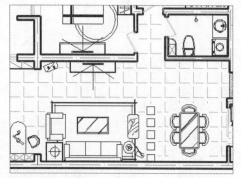

图 12-49　修剪图形

Step 22 按照同样填充方法，将卧室、洗手间进行填充，如图12-50所示。

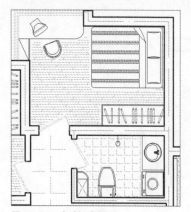

图 12-50　完成门窗图形

Step 23 将"文字注释"层设置为当前层，执行"注释>多行文字"命令，输入地面材质内容。至此居室平面布置图已全部绘制完毕，如图12-51所示。

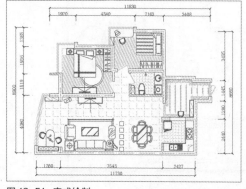

图 12-51　完成绘制

12.1.3　绘制居室顶棚布置图

顶棚图也是施工图纸中的重要图纸之一。它能够反映出住宅顶面造型的效果。顶面图通常是由顶面造型线、灯具图块、顶面标高、吊顶材料注释及灯具列表等几种元素组成。本节将介绍一般家装顶面设计原理与绘制方法：

Step 01 将居室平面图进行复制，并删除多余的家具图块，单击"直线"命令，将所有门洞进行封闭，如图12-52所示。

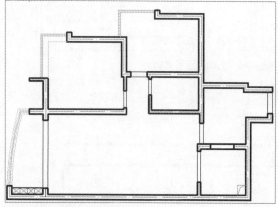

图 12-52　复制并删除多余图形

Step 02 执行"矩形"命令，捕捉玄关区域绘制矩形，执行"偏移"命令，将矩形向内偏移300mm，再删除外侧的矩形，如图12-53所示。

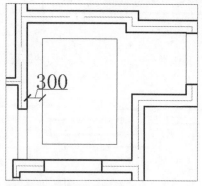

图 12-53　偏移并修剪图形

Step 03 执行"偏移"命令，将矩形再向外偏移50mm，绘制灯带线，如图12-54所示。

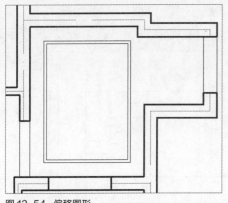

图 12-54　偏移图形

Step 04 选中灯带线，打开"特性"面板，将其线型设为虚线，颜色为红色，如图12-55所示。

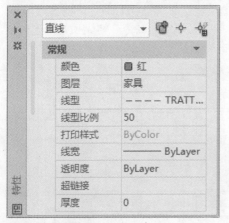

图 12-55　设置图形特性

Step 05 设置后的灯带效果如图12-56所示。

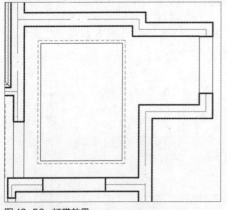

图 12-56　灯带效果

Step 06 执行"矩形"和"偏移"命令，绘制客厅及餐厅吊顶轮廓线，再删除外侧的矩形，如图12-57所示。

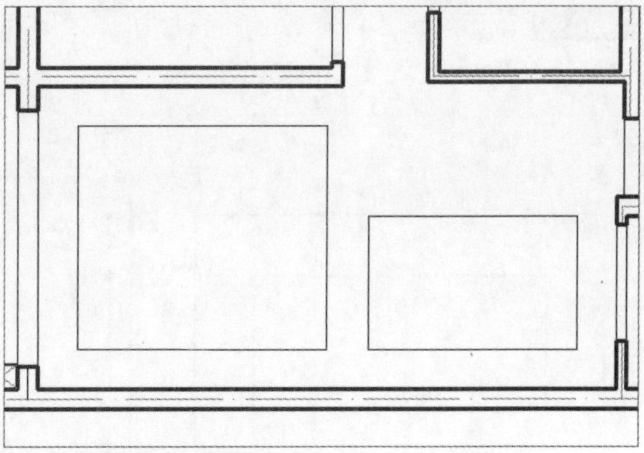

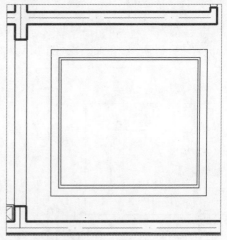

图 12-57　绘制吊顶轮廓

Step 07 单击"偏移"命令，将客厅吊顶矩形依次向内偏移150mm、50mm，如图12-58所示。

图 12-58　偏移图形

Step 08 执行"特性匹配"命令，设置灯带线特性，如图12-59所示。

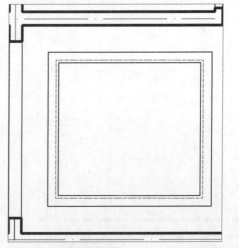

图 12-59　设置灯带线特性

Step **09** 单击"偏移"命令，将餐厅吊顶矩形向内偏移400mm，如图12-60所示。

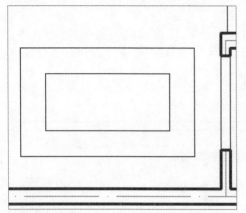

图 12-60 偏移图形

Step **10** 单击"定数等分"命令，将偏移后的线段等分成3份，并绘制等分线，如图12-61所示。

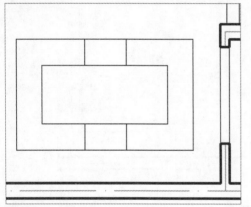

图 12-61 定数等分

Step **11** 单击"偏移"命令，将等分线各向两侧偏移100mm，如图12-62所示。

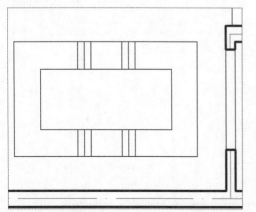

图 12-62 偏移图形

Step **12** 删除等分线，其后，单击"直线"和"偏移"命令，绘制吊顶两侧造型线，如图12-63所示。

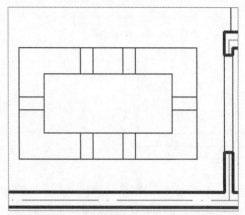

图 12-63 绘制两侧造型线

Step **13** 单击"偏移"命令，将大长方形向外偏移50mm，绘制灯带线，如图12-64所示。

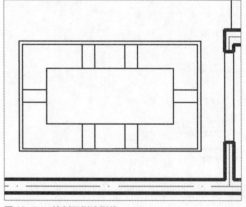

图 12-64 绘制两侧造型线

Step **14** 单击"特性匹配"命令，更改灯带线线型，如图12-65所示。

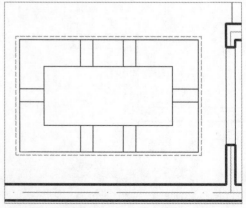

图 12-65 偏移图形

Step 15 单击"偏移"命令，绘制过道吊顶造型线，如图12-66所示。

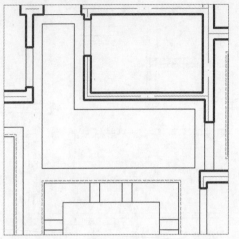

图 12-66　绘制过道吊顶造型

Step 16 单击"偏移"命令，将矩形向外偏移50mm，绘制灯带，并更改灯带线型，如图12-67所示。

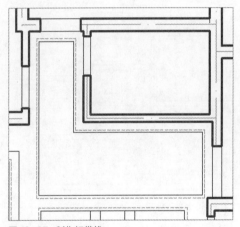

图 12-67　制作灯带线

Step 17 执行"矩形"命令，捕捉卧室轮廓绘制矩形，再单击"偏移"命令，将主卧室顶面吊顶线向内偏移50mm、100mm和50mm，如图12-68所示。

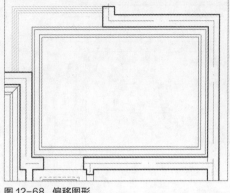

图 12-68　偏移图形

Step 18 执行"直线"命令，绘制石膏线角线，如图12-69所示。

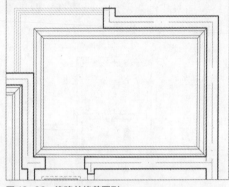

图 12-69　偏移并修剪图形

Step 19 同样单击"偏移"命令，绘制卫生间吊顶线。至此已完成居室顶棚造型的绘制，如图12-70所示。

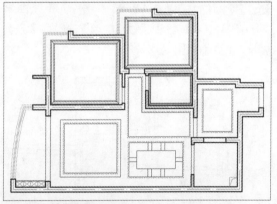

图 12-70　绘制卫生间吊顶

Step 20 单击"插入块"命令，将艺术吊灯图块调入客厅合适位置，如图12-71所示。

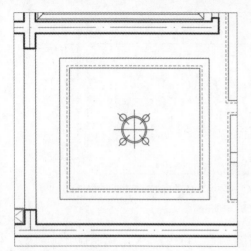

图 12-71　插入吊灯图块

Step 21 继续插入其他如吊灯、吸顶灯、射灯等图块，并进行复制操作，如图12-72所示。

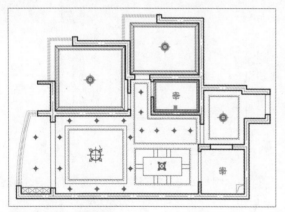

图 12-72　插入其他图块

Step 22 执行"图案填充"命令，选择图案GRASS，设置填充比例为3，填充玄关吊顶及客餐厅区域，如图12-73所示。

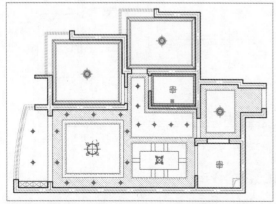

图 12-73　填充玄关及客厅

Step 23 执行"图案填充"命令，选择图案PLAST1，设置填充比例为40，角度为90，填充厨房吊顶及卫生间吊顶区域，如图12-74所示。

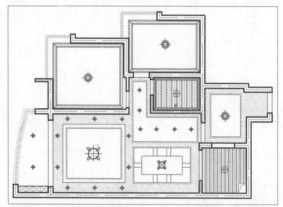

图 12-74　填充厨房及卫生间吊顶

Step 24 最后选择图案CORK填充餐厅吊顶区域，选择图案DOLMIT填充阳台吊顶区域，如图12-75所示。

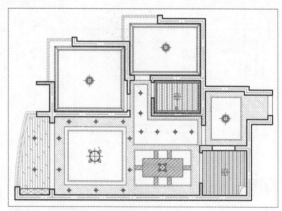

图 12-75　填充阳台及餐厅吊顶

Step 25 将文字标注层设为当前层，执行"直线"和"极轴"命令，绘制标高图形，如图12-76所示。

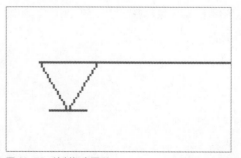

图 12-76　绘制标高图形

Step 26 单击"填充"命令，将图形填充，并执行"单行文字"命令，输入标高值，如图12-77所示。

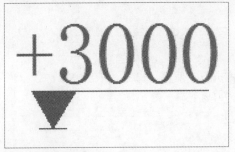

图 12-77　输入标高值

Step 27 将绘制好的标高图形，放置客厅合适位置，如图12-78所示。

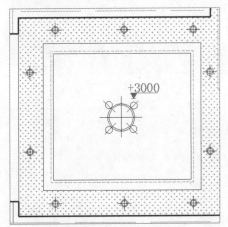

图 12-78　放置标高符号

Step 28 复制标高图块复制至客厅吊顶上，并双击标高数值，将其进行修改，如图12-79所示。

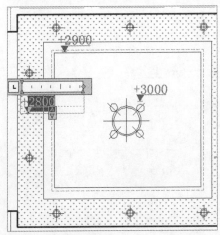

图 12-79　复制标高符号

Step 29 按照同样的操作方法，将其他房间进行标高标注，如图12-80所示。

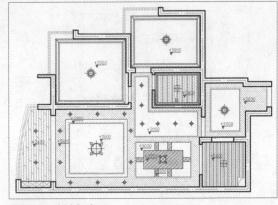

图 12-80　标高标注

Step 30 执行"格式>多重引线样式"命令，打开"多重引线样式管理器"对话框，单击"修改"按钮打开"修改多重引线样式"对话框，设置文字高度为150，引线基线距离为100，箭头样式为"建筑标记"，箭头大小为50如图12-81所示。

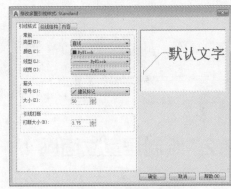

图 12-81　"多重引线样式管理器"对话框

Step 31 单击"注释>多重引线"命令，在图纸中，指定标注的位置，并指定引线方向，输入吊顶材料名称，并单击空白处，即可完成引线注释操作，如图12-82所示。

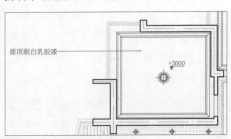

图 12-82　创建引线

Step 32 复制多重引线并修改引线标注内容，如图12-83所示。

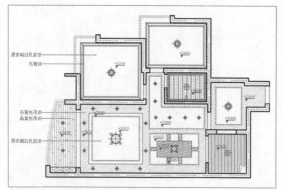

图 12-83 复制引线并修改注释内容

Step 33 再为顶面图的右侧创建引线标注，至此完成居室顶棚图的完毕，如图12-84所示。

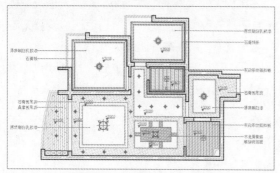

图 12-84 完成顶棚布置图的绘制

🕂 12.2 绘制居室立面图

一套完整的室内施工图，不仅要有原始结构图、平面布置图、顶棚布置图等，还要有立面图，不同空间的立面图也是施工图中必不可少的一部分。

12.2.1 绘制客餐厅立面图

在绘制客餐厅立面图时，要先对绘图环境进行设置，比如图形单位和图形界限等，然后根据平面布置图中客厅的布局结构进行立面图形的绘制。操作步骤介绍如下：

Step 01 执行"直线"命令，根据平面布置图绘制尺寸为9303mm×3000mm的长方形，如图12-85所示。

图 12-85 绘制矩形

Step 02 执行"偏移"命令，依次偏移边线，再将如图12-86所示。

图 12-86 偏移图形

Step 03 执行"修剪"命令，将多余的直线进行修剪。至此，立面轮廓线已完成，如图12-87所示。

图 12-87 修剪图形

Step 04 单击"矩形"命令，绘制两个尺寸分别为2000*300和50*50的矩形作为屏风的侧立面，如图12-88所示。

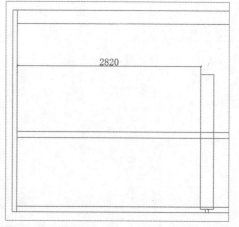

图 12-88 绘制矩形

Step 05 单击"修剪"命令将屏风中多余的部分修剪掉，再执行"圆角"命令，设置圆角尺寸为30，对图形进行圆角操作，如图12-89所示。

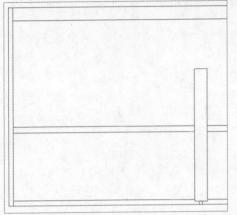

图 12-89　修剪图形

Step 06 执行"插入>块选项板"命令，打开"块"选项板，在"其他图形"面板中单击"选择文件"按钮，如图12-90所示。

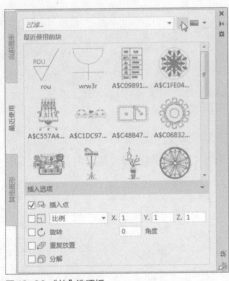

图 12-90　"块"选项板

Step 07 在弹出的"选择图形文件"对话框中选择"沙发组合"素材图形，单击"打开"按钮，如图12-91所示。

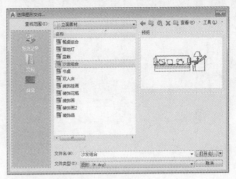

图 12-91　选择图块

Step 08 返回到"块"选项板，单击即可选定图块，将沙发图块插入到绘图窗口中，如图12-92所示。

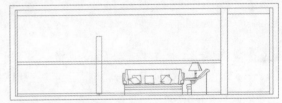

图 12-92　插入沙发图块

Step 09 继续执行该命令，将其余的桌椅、台灯、装饰画、植物等装饰图块插入到立面图中，如图12-93所示。

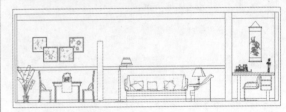

图 12-93　插入其他图块

Step 10 单击"修剪"命令，修剪被家具等图形覆盖的区域，如图12-94所示。

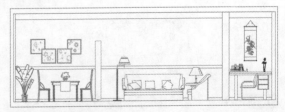

图 12-94　修剪图形

Step 11 下面对立面图进行填充操作。单击"图案填充"命令，选择图案ANSI31，将墙体剖切的部分填充图案，如图12-95所示。

227

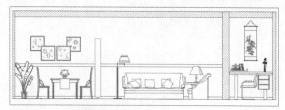

图 12-95 填充墙体截面

Step 12 单击"图案填充"命令，选择图案 CROSS，填充墙面区域，如图12-96所示。

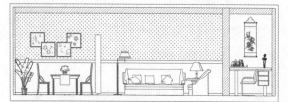

图 12-96 填充墙面壁纸

Step 13 再单击"图案填充"命令，选择图案 PLAST1，将裙角线装饰部分和墙面底部进行填充，如图12-97所示。

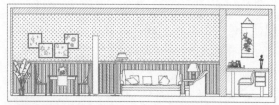

图 12-97 填充裙角线

Step 14 继续单击"图案填充"命令，选择图案 GOST-GLASS填充另一处墙面，再选择图案 AR-HBONE填充隔断，完成图案填充操作，如图12-98所示。

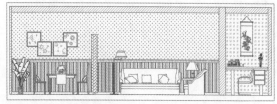

图 12-98 填充墙面和隔断

Step 15 执行"格式>多重引线样式"命令，弹出"多重引线样式管理器"对话框，单击"修改"按钮打开"修改多重引线样式"对话框，设置文字高度为100，引线基线距离为50，如图12-99所示。

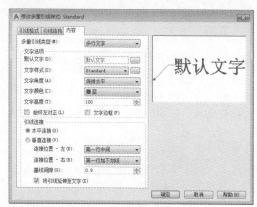

图 12-99 设置引线文字

Step 16 再设置引线颜色为蓝色，箭头类型为"点"，箭头大小为20，如图12-100所示。

图 12-100 设置引线样式

Step 17 设置完毕后依次关闭对话框。执行"多重引线"命令，指定标注的位置，并指定引线方向，如图12-101所示。

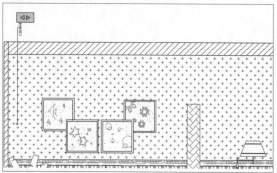

图 12-101 指定引线

Step 18 在光标位置，输入装饰名称"土黄色凹凸暗花纹壁纸"，并单击空白处，即可完成引线注释操作，如图12-102所示。

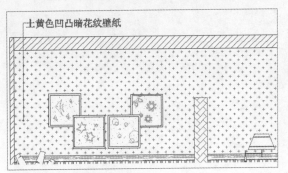

图 12-102　输入引线内容

Step 19 按照同样的标注方法，将墙面的装饰以及家具名称进行注明，如图12-103所示。

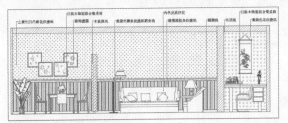

图 12-103　创建其他引线标注

Step 20 执行"格式>标注样式"命令，打开"标注样式管理器"对话框，选择默认的ISO-25样式，再单击"修改"按钮打开"新建标注样式"对话框，设置"主单位"选项板的精度为0，在"调整"选项板中选择"文字时钟保持在尺寸界线之间"选项，如图12-104所示。

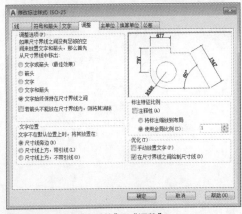

图 12-104　设置"主单位"和"调整"

Step 21 在"文字"选项板中设置文字高度为120，从尺寸线偏移10，在"符号和箭头"选项板中设置箭头类型为"建筑标记"，箭头大小为60，如图12-105所示。

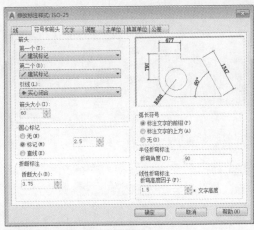

图 12-105　设置"符号和箭头"

Step 22 在"线"选项板中设置尺寸线及尺寸界线参数，如图12-106所示。

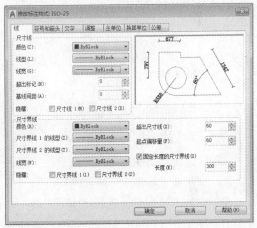

图 12-106　设置"线"

Step 23 单击"线性"命令，指定尺寸界线点，并指定尺寸线位置，进行尺寸标注，如图12-107所示。

图 12-107　创建尺寸标注

Step 24 继续执行"连续""线性"标注命令，将尺寸标注补充完整，如图12-108所示。

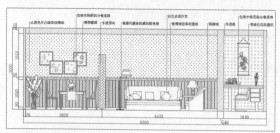

图 12-108 完成尺寸标注

Step 25 利用"多段线"和"多行文字"等命令，标注图名。至此，该立面图已绘制完成，如图12-109所示。

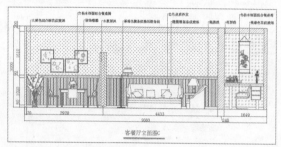

图 12-109 完成立面图的绘制

12.2.2 绘制卧室立面图

根据居室平面布置图和顶棚图等绘制出主卧室立面图的轮廓线，用矩形命令绘制衣柜，用直线、阵列、样条曲线等命令，绘制百褶窗帘，然后插入床、壁画等装饰品，最后使用图案填充命令进行填充图案，以完成立面图的绘制。具体操作步骤介绍如下：

Step 01 单击"直线"和"偏移"等命令，绘制尺寸为4195*3000的长方形，再对竖向边线进行偏移操作，如图12-110所示。

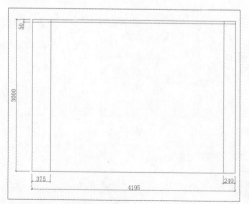

图 12-110 绘制图形并偏移

Step 02 继续执行"偏移"命令，对横向边线进行偏移操作，如图12-111所示。

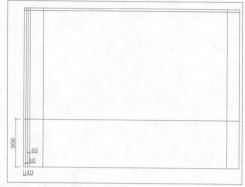

图 12-111 偏移图形

Step 03 继续执行"偏移"命令，将其余的墙面装饰轮廓线绘制完整，如图12-112所示。

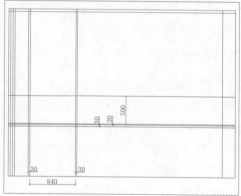

图 12-112 继续偏移图形

Step 04 执行"矩形"和"修剪"命令，将多余的线段剪切掉，并绘制矩形补充完整，如图12-113所示。

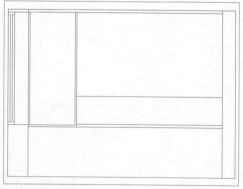

图 12-113 修剪图形

Step 05 利用"矩形""偏移"和"修剪"命令，绘制尺寸为2000*552的衣柜立面轮廓，如图12-114所示。

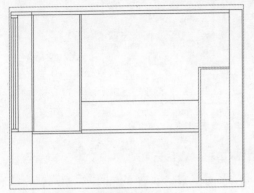

图 12-114 绘制矩形并偏移修剪

Step 06 单击"矩形"和"直线"命令，绘制壁槽里的射灯图形并进行复制，如图12-115所示。

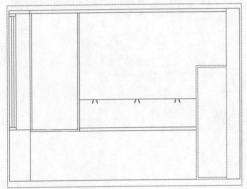

图 12-115 绘制射灯图形

Step 07 单击"矩形""直线"和"阵列"等命令，绘制百褶窗帘的上半部分，再单击"样条曲线"等命令，绘制窗帘下部分的左半边，然后将其镜像复制，如图12-116所示。

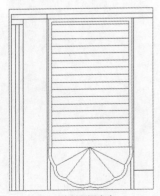

图 12-116 绘制百褶窗帘

Step 08 单击"插入>块选项板"命令，选择双人床图块插入到立面图中，如图12-117所示。

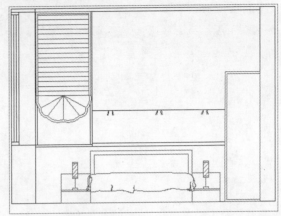

图 12-117 插入双人床图块

Step 09 继续将其余图形对象插入图中，如图12-118所示。

图 12-118 插入其他图块

Step 10 执行"图案填充"命令，选择图案ANSI31，填充墙体剖切区域，如图12-119所示。

图 12-119 填充墙体截面

Step 11 继续执行"图案填充"命令，选择图案AR-FFOOF，设置填充比例为5，填充墙面部分，如图12-120所示。

图 12-120 填充墙面

Step 12 执行"图案填充"命令，选择图案ANSI34，设置填充比例为15，填充窗户区域；再选择图案CORK，设置填充比例为30，填充衣柜立面，如图12-121所示。

图 12-121 填充玻璃和柜体

Step 13 执行"多重引线"命令，为立面图添加引线标注，如图12-122所示。

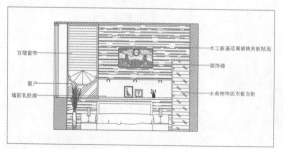

图 12-122 添加引线标注

Step 14 再执行"标注""连续"命令，为立面图添加尺寸标注，如图12-123所示。

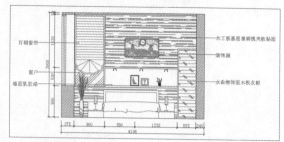

图 12-123 创建尺寸标注

Step 15 单击"直线"和"多行文字"等命令，标注图名等。至此，主卧立面图A绘制完成，如图12-124所示。

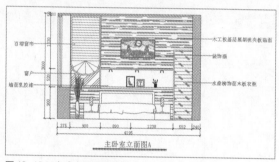

图 12-124 完成立面图的绘制

附录I 课后练习参考答案

Chapter 01

一、填空题

1、三维基础

2、国际

3、文本窗口

二、选择题

1、D　　2、C　　3、A　　4、C　　5、A

Chapter 02

一、填空题

1、用户坐标系, UCS

2、默认, 图层特性管理器

3、Continuous

二、选择题

1、B　　2、C　　3、A　　4、D　　5、B

Chapter 03

一、填空题

1、直线、多线

2、LINE

3、内接于圆, 外切于圆

4、中心点, 轴,端点

二、选择题

1、D　　2、D　　3、A　　4、A　　5、C

Chapter 04

一、填空题

1、OP

2、矩形阵列, 环形阵列, 路径阵列

3、镜像

二、选择题

1、C　　2、B　　3、B　　4、A　　5、D

Chapter 05

一、填空题

1、块名称, 基点, 对象

2、BLOCKSPALETTE

3、写块

二、选择题

1、B　　2、D　　3、B　　4、A　　5、C

Chapter 06

一、填空题

1、0

2、%%d

3、STYLE

二、选择题

1、D　　2、A　　3、C　　4、A　　5、B　　6、B

Chapter 07

一、填空题

1、对齐标注

2、尺寸界线

3、置为当前

二、选择题

1、B　　2、B　　3、B　　4、C　　5、C

Chapter 08

一、填空题

1、世界坐标系

2、楔体

3、圆柱体

二、选择题

1、B　　2、D　　3、AB　　4、C　　5、C

Chapter 09

一、填空题

1、三为阵列, 层数

2、剖切

3、复制边

二、选择题

1、A　　2、C　　3、D　　4、D

Chapter 10

一、填空题

1、模型, 布局

2、普通

3、输入

二、选择题

1、D　　2、D　　3、B　　4、D　　5、D

AutoCAD 2020 中文版基础教程

附录Ⅱ 常用命令一览表

快捷键	命令名称	快捷键	命令名称
绘图命令		**绘图命令**	
A	ARC（圆弧）	DIV	DIVIDE（等分）
B	BLOCK（块定义）	EL	ELLIPSE（椭圆）
C	CIRCLE（圆）	PL	PLINE（多段线）
F	FILLET（倒圆角）	XL	XLINE（射线）
H	BHATCH（填充）	PO	POINT（点）
I	INSERT（插入块）	ML	MLINE（多线）
L	LINE（直线）	POL	POLYGON（正多边形）
T	MTEXT（多行文本）	REC	RECTANGLE（矩形）
W	WBLOCK（定义块文件）	REG	REGION（面域）
DO	DONUT（圆环）	SPL	SPLINE（样条曲线）
修改命令		**对象特性命令**	
E	ERASE（删除）	ADC	ADCENTER（设计中心"Ctrl + 2"）
M	MOVE（移动）	CH	PROPERTIES（修改特性"Ctrl + 1"）
O	OFFSET（偏移）	MA	MATCHPROP（属性匹配）
S	STRETCH（拉伸）	ST	STYLE（文字样式）
X	EXPLODE（分解）	COL	COLOR（设置颜色）
CO	COPY（复制）	LA	LAYER（图层操作）
MI	MIRROR（镜像）	LT	LINETYPE（线形）
AR	ARRAY（阵列）	LTS	LTSCALE（线形比例）
RO	ROTATE（旋转）	LW	LWEIGHT（线宽）
TR	TRIM（修剪）	UN	UNITS（图形单位）
EX	EXTEND（延伸）	ATT	ATTDEF（属性定义）
SC	SCALE（比例缩放）	ATE	ATTEDIT（编辑属性）
BK	BREAK（打断）	BO	BOUNDARY（边界创建）
PE	PEDIT（多段线编辑）	AL	ALIGN（对齐）
ED	DDEDIT（修改文本）	EXIT	QUIT（退出）
CHA	CHAMFER（倒角）	EXP	EXPORT（输出其它格式文件）
尺寸标注命令		IMP	IMPORT（输入文件）
D	DIMSTYLE（标注样式）	OP	OPTIONS（自定义 CAD 设置）
DLI	DIMLINEAR（直线标注）	PRINT	PLOT（打印）
DAL	DIMALIGNED（对齐标注）	PU	PURGE（清除垃圾）
DRA	DIMRADIUS（半径标注）	R	REDRAW（重新生成）
DDI	DIMDIAMETER（直径标注）	REN	RENAME（重命名）

（续表）

快捷键	命令名称
尺寸标注命令	
DAN	DIMANGULAR（角度标注）
DCE	DIMCENTER（中心标注）
DOR	DIMORDINATE（点标注）
TOL	TOLERANCE（标注形位公差）
LE	QLEADER（快速引出标注）
DBA	DIMBASELINE（基线标注）
DCO	DIMCONTINUE（连续标注）
DED	DIMEDIT（编辑标注）
DOV	DIMOVERRIDE（替换标注系统变量）
对象特性命令	
SN	SNAP（捕捉栅格）
DS	DSETTINGS（设置极轴追踪）

（续表）

快捷键	命令名称
OS	OSNAP（设置捕捉模式）
PRE	PREVIEW（打印预览）
TO	TOOLBAR（工具栏）
V	VIEW（命名视图）
AA	AREA（面积）
DI	DIST（距离）
LI	LIST（显示图形数据信息）
三维命令	
3A	3DARRAY（三维阵列）
3DO	3DORBIT（三维动态观察器）
3F	3DFACE（三维表面）
SU	SUBTRACT（差集运算）

附录Ⅲ：AutoCAD 常见疑难问题之解决办法

1. AutoCAD 中经常出现无法进一步缩小？

在命令行中输入Z按Enter键后，再输入A，按Enter键。

2. AutoCAD 中绘制的直线不能横平竖直怎么办？

按快捷键"F8"或在状态栏打开"正交模式"即可。

3. 图形里的圆不圆了怎么办？

执行RE命令即可。

4. 在标注时，如何使标注离图有一定距离？

执行DIMEXO命令，再输入数字调整距离。

5. 怎样把多条直线合并成一条？

执行GROUP命令可以完成。

6. 画矩形或圆时没有了外面的虚框怎么办？

执行DRAGMODE命令，勾选系统变量dragmode ON，即可解决。如果要恢复到原始状态时，可将该系统变量设为"自动"即可。

7. 画完椭圆之后，椭圆是以多段线显示怎么办呢？

当系统变量PELLIPSE为1时，生成的椭圆是多段线；为0时，显示的是实体。

8. 打开旧图遇到异常错误而中断退出要怎么办呢？

新建一个图形文件，然后将旧图以图块形式插入即可。

9. 填充无效时怎么办？

（1）考虑系统变量。（2）执行OP命令，在打开的"选项"对话框的"显示"选项卡中，勾选"显示性能"选型组中的"应用实体填充"复选框。

10. 光标不能指向需要的位置怎么办？

检查状态栏，查看"捕捉模式"是否处于打开状态，如果是，则再次点击"捕捉模式"按钮，切换成关闭。

11. 如何删除顽固图层？

在当前图层中，关闭不需要的图层，将剩余的图形文件复制到新图形中即可。

12. 平方符号怎么打出来？

在命令行中输入T按Enter键后，拖出一个文本框，然后单击鼠标右键，选择"符号"子菜单中的"平方"即可。

13. 镜像过来的字体保持不旋转怎么办？

输入MIRRTEXT命令。当值为0时，可保持镜像过来的字体不旋转；值为1时，进行旋转。

14. 为什么输入的文字高度无法改变？

右击要更改的文本，在快捷菜单中选择"特性"选项，在"特性"面板的"高度"文本框中，输入高度值即可。

15. 特殊符号的输入？

我们知道表示直径的"Φ"、表示地平面的"±"、标注度符号"°"都可以用控制码％％C、％％P、％％D来输入，（1）执行T文字命令，拖出一个文本框框。（2）在对话框中单击鼠标右键选择"符号"子菜单下的选项。

16. DWG 文件破坏了怎么办？

执行"文件＞图形实用工具＞修复"命令，选中要修复的文件。

17. 消除点标记？

输入"OP"命令，打开"选项"对话框，在"绘图"选项卡的"自动捕捉设置"选项组中，取消勾选"标记"复选框，然后单击"确定"按钮即可。

18. 为什么不能显示汉字或输入的汉字变成了问号？

（1）对应的字型没有使用汉字字体，如HZTXT.SHX等；

（2）当前系统中没有汉字字体形文件；应将所用到的字型文件复制到AutoCAD的字体目录中（一般为...\FONTS\）；

（3）对于某些符号，如希腊字母等，同样必须使用对应的字体形文件，否则会显示成？号。

如果找不到错误的字体是什么，可重新设置正确字体及大小，创建一个新文本，然后执行特性匹配命令，将新文本的字体应用到错误的字体上即可。

19. 尺寸标注后，为什么图形中有时会出现一些小的白点，却无法删除？

AutoCAD在标注尺寸时，自动生成一个Defpoints图层，保存有关标点的位置信息，该层一般是冻结的。由于某种原因，这些点有时会显示出来。要删除这些点可先将Defpoints图层解冻后再删除。但要注意，如果删除了与尺寸标注还有关联的点，将同时删除对应的尺寸标注。

20. 标注的尾巴有 0 怎么办？

输入"D"命令，在"标注样式管理器"对话框中，单击"修改"按钮，在"修改标注样式"对话框的"主单位"选项卡中，将"精度"设为0即可。

21. 在标题栏显示路径不全怎么办？

执行OP命令，在打开的"选项"对话框中，单击"打开和保存"选项卡，在"文件打开"选项组中，勾选"在标题中显示完整路径"复选框即可。

22. 命令行中的模型和布局不见了？

执行OP命令，在打开的"选项"对话框中，单击"显示"选项卡，然后在"布局元素"选项组中，勾选"显示布局和模型选项卡"复选框即可。

23. 对于所有的图块是否都可以进行编辑属性？

不是所有的图块都可以进行编辑属性。只有在定义了块属性之后，才可以对其属性执行编辑操作。

24. 如何在图形窗口中显示滚动条？

也许有人还用无滚轮的鼠标，那么这时滚动条也许还有点作用。执行OP命令，在打开的"选项"对话框的"显示"选项卡中，勾选"窗口元素"选项卡中的"在图形窗口中显示滚动条"复选框即可。

25. 如何隐藏坐标？

在命令行中输入UCSICON按回车键后，输入OFF即可关闭，反之输入ON即可打开。

26. 三维坐标的显示？

在三维视图中用动态观察器变动了坐标显示的方向后，可以在命令行键入"-view"命令，然后命令行显示：-VIEW输入选项[?/删除(D)/正交(O)/恢复(R)/保存(S)/设置(E)/窗口(W)]:键入O然后再按Enter键，就可以回到那种标准的显示模式了。绘制要求较高的机械图样时，目标捕捉是精确定点的最佳工具。

27. 为什么绘制的剖面线或尺寸标注线不是连续线型？

AutoCAD绘制的剖面线、尺寸标注都可以具有线型属性。如果当前的线型不是连续线型，那么绘制的剖面线和尺寸标注就不会是连续线。

28. AutoCAD 中的工具栏不见了怎么办？

执行OP命令，在"选项"对话框中，单击

"配置"选项卡，单击"重置"按钮即可。

29. 如何设置保存的格式？

执行OP命令，打开"选项"对话框并选择"打开和保存"选项卡，在"文件保存"选项组中的"另存为"下拉框中设置保存的格式。尽量保存低版本，因为CAD版本只向下兼容。

30. 如果 CAD 里的系统变量被人无意更改，或一些参数被人有意调整了怎么办？

执行OP命令，打开"选项"对话框，在"配置"选项卡中单击在"重置"按钮即可恢复。

31. 加选无效时怎么办？

AutoCAD正确的设置应该是可以连续选择多个对象，但有的时候，连续选择对象会失效，只能选择最后一次所选中的对象，这时可以按照以下方法解决，执行OP命令，打开"选项"对话框并选择"选择集"选项卡，在"选择集模式"选项组中取消勾选"Shift键添加到选择集"复选框，加选有效，反之加选无效。

32. 如何减少文件大小？

在图形完稿后，执行"清理"命令（PURGE），清理掉多余的数据，如无用的块、没有实体的图层，未用的线型、字体、尺寸样式等，可以有效减少文件大小。一般彻底清理需要PURGE二到三次。

33. 如何关闭 CAD 中的 *BAK 文件？

（1）执行"工具＞选项"命令，打开"选项"对话框，在"打开和保存"选项卡的"文件安全措施"选项组中取消勾选"每次保存时均创建备份副本"复选框。

（2）也可以用命令ISAVEBAK，将ISAVEBAK的系统变量修改为0，系统变量为1时，每次保存都会创建"*BAK"备份文件。

34. 如何将 CAD 图插入 Word 里？

Word文档制作中，往往需要各种插图，

Word绘图功能有限，特别是对于复杂的图形，该缺点更加明显。AutoCAD是专业绘图软件，功能强大，很适合绘制比较复杂的图形，用AutoCAD绘制好图形，然后插入Word制作复合文档是解决问题的好办法。可以用AutoCAD提供的输出功能先将AutoCAD图形以BMP或WMF等格式输出，然后插入Word文档；也可以先将AutoCAD图形复制到剪贴板，再在Word文档中粘贴。需要注意的是，由于AutoCAD默认背景颜色为黑色，而Word背景颜色为白色，首先应将AutoCAD图形背景颜色改成白色。另外，AutoCAD图形插入Word文档后，往往空边过大，效果不理想。利用Word图片工具栏上的裁剪功能进行修整，空边过大问题即可解决。

35. 块文件不能炸开及不能执行另外一些常用命令的问题？

可以有两种方法解决：一是删除acad.lsp和acadapp.lsp文件，大小应该都是3K，然后复制acadr14.lsp两次，命名为上述两个文件名，并加上只读，就可以了。要删掉DWG图形所在目录的所有lsp文件，不然会感染其他图形。二是有种专门查杀该病毒的软件。

36. 怎样用 PSOUT 命令输出图形到一张比 A 型图纸更大的图纸上？

如果直接用PSOUT输出EPS文件，系统变量FILEDIA又被设置为1，输出的EPS文件，只能送到A型图纸大小。

如果想选择图纸大小，必须在运行PSOUT命令之前取消文件交互对话框形式，为此，设置系统变量FILEDIA为0。或者为AutoCAD配置一个Posts cript打印机，然后输出到文件，即可得到任意图纸大小的EPS文件。

37. 如何将自动保存的图形复原？

AutoCAD将自动保存的图形存放到AUTO.SV$或AUTO?.SV$文件中，找到该文件将其重命名为图形文件即可在AutoCAD中打开。一般该文件存放在WINDOWS的临时目录中，如

C:\\WINDOWS\\TEMP。

38. 如何保存图层?

新建一个CAD文档,把图层、标注样式等等都设置好后另存为DWT格式(CAD的模板文件)。在CAD安装目录下找到DWT模板文件放置的文件夹,把刚才创建的DWT文件放进去,之后使用时,新建文档提示选择模板文件时进行选择即可,或者把相应文件命名为acad.dwt(CAD默认模板),替换默认模板,以后只要打开就可以了。

39. 打印出来的字体是空心的怎么办?

在命令行输入TEXTFILL命令,值为0则字体为空心。值为1则字体为实心的。

40. 为什么有些图形能显示,却打印不出来?

如果图形绘制在AutoCAD自动产生的图层(如DEFPOINTS、ASHADE等)上,就会出现这种情况。应避免在这些图层上绘制图形。

41. 简单介绍两种打印方法?

打印无外乎有两种,一种是模型空间打印,另一种则是布局空间打印,常说的按图框打印就是模型空间打印,这需要对每一个独立的图形进行插入图框,然后根据图的大小进行缩放图框。如果采用布局打印,则可实现批量打印。

42. CAD 绘图时是按照1:1的比例吗?还是由出图的纸张大小决定的?

在AutoCAD里,图形是按"绘图单位"来绘制的,一个绘图单位是指图上画1个长度。一般在出图时有一个打印尺寸和绘图单位的比值关系,打印尺寸按毫米计,如果打印时按1:1来出图,则一个绘图单位将打印出来一毫米,在规划图中,如果使用1:1000的比例,则可以在绘图时用1表示1米,打印时用1:1出图就行了。实际上,为了数据便于操作,往往用1个绘图单位来表示使用的主单位,比如,规划图主单位为是米,机械、建筑和结构主单位为毫米,仅仅在打印时需要注意。因此,绘图时先确定主单位,一般按1:1的比例,出图时再换算一下。按纸张大小出图仅仅用于草图,比如现在大部分办公室的打印机都是设置成A3的,可以把图形出在满纸上,当然,草图的比例是不对的,仅是为了方便查看。

43. 在 AutoCAD 中如何计算二维图形的面积?

AutoCAD中,可以方便、准确地计算二维封闭图形的面积(包括周长),但对于不同类别的图形,其计算方法也不尽相同。

①对于简单图形,如矩形、三角形。只须执行命令AREA(可以是命令行输入或单击相对应的命令图标),在命令提示"指定第一个角点或 [对象(O)/增加面积(A)/减少面积(S)] <对象(O)>:"后,打开捕捉依次选取矩形或三角形各交点后按Enter键,AutoCAD将自动计算面积(Area)、周长(Perimeter),并将结果列于命令行。

②对于简单图形,如圆或其它多段线(Polyline)、样条线(Spline)组成的二维封闭图形。执行命令AREA,在命令提示"指定第一个角点或 [对象(O)/增加面积(A)/减少面积(S)] <对象(O)>:"后,选择"对象"选项,根据提示选择要计算的图形,AutoCAD将自动计算出面积、周长。

③对于由简单直线、圆弧组成的复杂封闭图形,不能直接执行AREA命令计算图形面积。必须先使用REGION命令把要计算面积的图形创建为面域,然后再执行命令AREA,在命令提示"指定第一个角点或 [对象(O)/增加面积(A)/减少面积(S)] <对象(O)>:"后,选择"对象"选项,根据提示选择刚刚建立的面域图形,AutoCAD将自动计算面积、周长。

附录Ⅳ 常用快捷键汇总

功　　能	快捷键	功　　能	快捷键
获取帮助	F1	控制是否实现对象自动捕捉	Ctrl+F
实现作图窗和文本窗口的切换	F2	栅格显示模式控制	Ctrl+G
控制是否实现对象自动捕捉	F3	重复执行上一步命令	Ctrl+J
数字化仪控制	F4	超级链接	Ctrl+K
等轴测平面切换	F5	新建图形文件	Ctrl+N
控制状态行上坐标的显示方式	F6	打开选项对话框	Ctrl+M
栅格显示模式控制	F7	打开图象文件	Ctrl+O
正交模式控制	F8	打开打印对说框	Ctrl+P
栅格捕捉模式控制	F9	保存文件	Ctrl+S
极轴模式控制	F10	极轴模式控制	Ctrl+U
对象追踪式控制	F11	粘贴剪贴板上的内容	Ctrl+V
打开特性对话框	Ctrl+1	对象追踪式控制	Ctrl+W
打开图象资源管理器	Ctrl+2	剪切所选择的内容	Ctrl+X
打开图象数据原子	Ctrl+6:	重做	Ctrl+Y
栅格捕捉模式控制 (F9)	Ctrl+B	取消前一步的操作	Ctrl+Z
将选择的对象复制到剪切板上	Ctrl+C		